U0312285

数字电子技术

主　编　刘昕彤　马文华　郑荣杰
副主编　张艳敏　王建强　罗海兵　任丽泉　夏云霞
参　编　刘　雅　王　琳　侯志成
主　审　崔海良

北京理工大学出版社
BEIJING INSTITUTE OF TECHNOLOGY PRESS

内 容 简 介

本书采用项目导入，任务驱动，以及教、学、做一体化的教学模式编写。突出"以学生学为主导，教师教为辅导"的职业教育课程改革指导思想，使学生做到"学以致用"。重点培养学生的实践能力，使学生真正掌握逻辑电路的设计、绘图与仿真，将课堂理论教学与实验室的实践教学紧密结合，通过具体的任务实施过程使学生掌握 Multisim 仿真软件的实际应用技能。

本书由 8 个项目构成，涵盖了数字电子技术所有的知识点和 Multisim 仿真软件应用的注意事项。主要涉及基本门电路、组合逻辑电路、触发器、时序逻辑电路、555 定时器的仿真及应用。

本书可作为电气自动化类、电子信息类和机电一体化类及相关专业的教材，也可供相关工程技术人员参考使用。

图书在版编目（CIP）数据

数字电子技术 / 刘昕彤，马文华，郑荣杰主编 . —北京：北京理工大学出版社，2017.2

ISBN 978 - 7 - 5682 - 3781 - 9

Ⅰ. ①数…　Ⅱ. ①刘…②马…③郑…　Ⅲ. ①数字电路 - 电子技术 - 高等学校 - 教材

Ⅳ. ①TN79

中国版本图书馆 CIP 数据核字（2017）第 044605 号

出版发行 / 北京理工大学出版社有限责任公司	
社　　址 / 北京市海淀区中关村南大街 5 号	
邮　　编 / 100081	
电　　话 / （010）68914775（总编室）	
（010）82562903（教材售后服务热线）	
（010）68948351（其他图书服务热线）	
网　　址 / http：//www.bitpress.com.cn	
经　　销 / 全国各地新华书店	
印　　刷 / 三河市天利华印刷装订有限公司	
开　　本 / 787 毫米 × 1092 毫米　1/16	
印　　张 / 15	责任编辑 / 高　芳
字　　数 / 352 千字	文案编辑 / 高　芳
版　　次 / 2017 年 2 月第 1 版　2017 年 2 月第 1 次印刷	责任校对 / 孟祥敬
定　　价 / 49.00 元	责任印制 / 李志强

前言
Preface

　　随着信息化、智能化、网络化的发展，数字电子技术应用的领域越来越多，数字电路以其使用简单、方便、成本低、反应速度快等特点受到大家的喜爱。各院校电类及相关专业纷纷开设了"数字电子技术"课程。但是数字电子技术作为一门专业基础课，使用的教材一般只注重于理论讲解，忽略了实际的应用。本书在结合基本理论的基础上，引入了电路仿真的分析方法，以"理论为主，仿真为辅"的理念来构建教材结构。"理论为主"指的是以数字电子技术的基本理论知识够用和必用为指导思想，除去学习中晦涩难懂的电路内部构造和电路原理等知识，让学生主要学习集成芯片的输入、输出关系和状态转换特性，并根据芯片特点完成规定功能的电路，讲解的重点在于如何应用芯片而不在于电路内部原理。"仿真为辅"指的是借助 Multisim 12 仿真软件，使学生直观清楚地看到集成电路工作时的状态变化，使学生对集成芯片的工作情况能有更深刻的理解。同时为学生自主利用集成芯片设计电路打好基础。

　　本书将 Multisim 12 仿真引入到数字电路分析、设计的过程中，力图通过直观的 Multisim 仿真实现数字电路的"形象化"描述，通过"直观的"状态变化展示抽象的电路规律。以充分调动学生的形象思维，激发学生学习的兴趣。用 Multisim 12 仿真构建虚拟的实践环境，可弥补真实的实践环境的不足，学生通过仿真，可以充分发挥个人的想象力，锻炼其独立分析问题和解决问题的能力。

　　本书共分 8 个项目，基本涵盖了数字电子技术所有的知识点和 Multisim 12 在数字电路中应用时需要注意的问题。其中，项目一主要是学习数字电子技术的基本知识，项目二～项目六这 5 个项目，每个项目除对数字电路知识的介绍以外，最后一个任务就是对本项目内容的一个总结。项目二主要介绍了门电路的使用，并通过学习门电路来完成八选一编码电路的设计；项目三主要介绍了组合逻辑电路的使用，完成了数码显示电路的设计；项目四是对触发器的学习，完成了四路抢答器的设计；项目五主要是对时序逻辑电路的学习，完成了秒计数器的设计；项目六主要介绍了 555 定时器的知识，完成了报警电路的设计。项目七主要内容是 Multisim 12 仿真软件在数字电路中的使用方法和常见问题。项目八是对整本书的内容进行总结和提高，综合整本书中出现的知识点，总结并设计了 3 个通过数字电子技术能实现的电路，并对其进行仿真。在这本书的最后，还附有指导书，内容包括 6 个数字实验和 1 个数字实训的任务，教师在平时上课时可以直接使用。本书做到了既有理论知识，又有仿真实践；既直观形象地演示了数字电路的状态，又详细地讲解了数字电路的基本知识。由于仿真实验都是单独作为任务出现的，所以教师在采用该书讲授数字电子技术时既可以结合仿真软件调动学生的积极性，又可以脱离仿真只讲解基本理论。

此外，本书在编写过程中，得到了许多同行专家的大力支持和帮助，编者在此谨表谢意。由于编者水平有限且成书仓促，书中难免会有疏漏错误和不妥之处，敬请读者批评指正。

编　者

目录 *Contents*

项目一 数字电路基础

项目摘要

数字电路已广泛地应用于各个领域，本项目介绍数字电路的基本知识和应用实例。本项目在介绍数字系统运算的数制（二、八、十、十六进制）与码制（BCD 码、余三码、循环码）的基础上，重点介绍各种常用数字逻辑电路的逻辑功能、逻辑代数的基本逻辑运算、逻辑函数的表示方法、化简及应用。

学习目标

- 掌握数字系统运算的数制与码制；
- 掌握逻辑代数的基本逻辑运算；
- 掌握逻辑函数的表示方法及化简使用方法；
- 培养和提高查阅有关技术资料和数字集成电路产品手册的能力。

1.1　生活中的数字电路

当今时代，数字电路已广泛地应用于各个领域，随着以信息技术高速发展为背景的"互联网＋"时代的到来，数字生活成为依托互联网和一系列数字科技技术应用的一种广为接受的生活方式，可以方便快捷地带给人们更好的生活体验和工作上的便利。数字生活离不开形形色色的数字电路。

1.1.1　数字电路常见产品

生活中，由数字电路或者主要由数字电路组成的产品比比皆是。比如说，现在几乎每个人都在使用的手机，就是一个典型的数字电路。它是在以前的模拟手机（传说中的"大哥大"）的基础上发展而来的，具体来说就是用数字电路替代了原来的模拟电路。因为只有数字电路才能做到集成度更高，也才能在手机这样有限的空间内容纳更多的电路，从而实现各种复杂的功能。

再比如说，现在的电视也已经全面步入数字化时代，数字电视与原来的模拟电视相比，无论是画面质量还是频道数都得到了大大的增强与提高。尤其是数字智能电视的推出，使得原本只能单向接收信息的电视观众，可以对节目内容等进行越来越多的个性化定制，这是模拟电视所不可能实现的。

数字电路的另外一个典型的应用就是计算机了，当今世界上所有投入使用的计算机无一例外都是数字计算机。当我们沉迷于"魔兽世界"的时候，当我们发动"极品飞车"的时候，当我们开启"星际争霸"之旅的时候，估计我们很少会有人想到在后台运行的居然是一串串的"0"和"1"的组合，无论游戏进程多么跌宕起伏，也无论游戏场景多么绚丽多彩，居然都是靠着"0"和"1"两个"数字"来实现的，而且居然连个"2"都没有用到。

1.1.2　数字时代的另一个产物——网络

生活在当今社会的人们，尤其是年轻人，已经习惯畅游在网络的世界中了，如果哪一天没有网络，就会"觉得整个世界都不好"了。而就是这个人们已经离不开的网络，其构成也全部是数字化的。

首先，人们上网所能得到的各种各样的信息，包括文字、图片、声音、视频以及各种动画等，无一例外都是以数字的形式存储在遍布世界各地的数字存储器中。这些存储器为人们提供了网上的各种数字资源。

其次，信息之所以能够以极快的速度从存储器传输到客户端，也是因为有了联通世界的数字化网络。这个数字化网络能够快速而高效地传输各种数字信号。

最后，人们用来上网的各种终端设备，如计算机、手机都是由数字电路构成的电子产品。

1.1.3　智能家居

智能家居（英文：smart home，home automation）是以住宅为平台，利用综合布线技术、网络通信技术、安全防范技术、自动控制技术、音视频技术将家居生活有关的设施集成，构建高效的住宅设施与家庭日程事务的管理系统，提升家居安全性、便利性、舒适性、艺术性，并实现环保节能的居住环境。

智能家居之所以能够实现，除了要依托上一小节提到的网络外，很重要的一点就是日常生活中的各种家用电器都应该是嵌入了控制系统的，而这个被嵌入的控制系统（ARM系统、PLC系统、单片机系统）也是由数字电路组成的。控制系统接收到数字传感器采集的信号，经过智能家居系统的处理后，再将指令发送给嵌入式控制系统，进而实现家居的智能化控制。

1.2　数字电路入门知识

1.2.1　模拟信号与数字信号

自然界中存在着各种各样、千变万化的物理量，但就其变换规律，不外乎两大类：模拟信号和数字信号。

模拟信号——物理量在时间和数值上均连续的信号。如速度、压力、温度等。话音信号、正弦波信号就是典型的模拟信号。产生、变换、传送、处理模拟信号的电路称为模拟电路。

数字信号——在时间上和数值上均是离散的。如电子表的秒信号、生产线上记录零件个数的记数信号、矩形波、方波信号等就是典型的数字信号。

（1）数字信号在电路中常表现为突变的电压或电流，如图1.1所示的方波信号。

数字信号通常又称为脉冲信号、离散信号，一般来说，数字信号在两个稳定的状态之间做阶跃变化，它有电位型和脉冲型两种：用高、低两个电位信号来表示数字"1"和"0"是电位型表示法，用有无脉冲数字来表示数字"1"和"0"是脉冲型表示法。产生、存储、变换、处理、传达数字信号的电路称为数字电路。

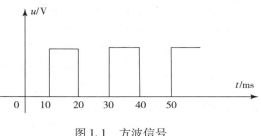

图1.1　方波信号

（2）正逻辑与负逻辑。

数字信号是一种二值信号，用两个电平（高电平和低电平）分别来表示两个逻辑值（逻辑1和逻辑0）。在应用时存在两种逻辑体制，分别是正逻辑和负逻辑。正逻辑体制规定：高电平为逻辑1，低电平为逻辑0；负逻辑体制规定：低电平为逻辑1，高电平为逻辑0。通常，数字电路中采用的是正逻辑体制，图1.2所示为采用正逻辑体制表示的逻辑信号。

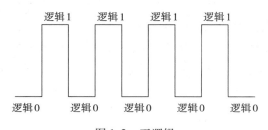

图1.2　正逻辑

1.2.2　数字电路的分类及特点

1. 数字电路的分类

（1）按电路有无集成元器件来分，数字电路可分为分立元件电路和集成元件电路两大类。

（2）按集成电路的集成度进行分类，可分为小规模集成数字电路（SSI）、中规模集成数字电路（MSI）、大规模集成数字电路（LSI）和超大规模集成数字电路（VLSI）。

（3）按构成电路的半导体器件来分类，可分为双极型数字电路和单极型数字电路。

（4）按功能来分，可分为组合逻辑电路和时序逻辑电路。

时序电路，它是由最基本的逻辑门电路加上反馈逻辑回路（输出到输入）或器件组合而成的电路，与组合电路最本质的区别在于时序电路具有记忆功能。时序电路的特点是：输出不仅取决于当时的输入值，还与电路过去的状态有关。它类似于含储能元件的电感或电容的电路，如触发器、锁存器、计数器、移位寄存器、储存器等电路都是时序电路的典型器件。组合逻辑电路是指在任何时刻，逻辑电路的输出状态只取决于电路各输入状态的组合，而与电路原来的状态无关。即组合逻辑电路的输出与时间无关，仅与输入有关。

2. 数字电路的特点

（1）用数字信号完成对数字量进行的算术运算和逻辑运算，具有逻辑运算和逻辑处理功能。因此，数字电路也常被称为数字逻辑电路或逻辑电路。

（2）便于高度集成化。

（3）数字信息便于长期保存。

（4）数字集成电路产品系列多、通用性强、成本低。

（5）抗干扰力强。由于数字电路所处理的是逻辑电平信号，因此从信号处理的角度看，数字电路系统比模拟电路具有更高的信号抗干扰能力。

（6）保密性好。数字电路中容易对数字信号进行加密处理，使信号在传输过程中不容易被窃取。

1.3 数制与码制

1.3.1 数制

按进位的原则进行计数，称为进位计数制，简称数制。不论是哪一种数制，其计数和运算都有共同的规律和特点。逢 N 进一：N 是指数制中所需要的数字字符的总个数，称为基数。位权表示法：位权是指一个数字在某个固定位置上所代表的值，处在不同位置上的数字所代表的值不同，每个数字的位置决定了它的值或者位权。位权与基数的关系是：各进位制中位权的值是基数的若干次幂。

1. 几种常用的计数体制

常用的数制有十进制、二进制、八进制、十六进制等。

1）十进制（Decimal）

十进制计数是我们日常使用最多的计数方法（俗称"逢十进一"）。十进制数组成以 10 为基础的数字系统，由 0、1、2、3、4、5、6、7、8、9 一共 10 个基本数字组成。一般表达式（加权系数展开式）为：$N_{10} = \sum_{i=0}^{n-1} K_i \times 10^i$。式中 K_i 为基数 10 的 i 次幂的系数，它可为

$0 \sim 9$ 中的任意一个数字。如：$(234)_{10} = 2 \times 10^2 + 3 \times 10^1 + 4 \times 10^0$。

在数字电路中一般不直接采用十进制，因为要用 10 个不同的电路状态来表示十进制的 10 个数码，既不容易又不经济。

2）二进制（Binary）

二进制是相对十进制计数法而言的，是计算技术中广泛采用的一种数制。二进制数用 0 和 1 两个数码来表示数。它的基数为 2，进位规则是"逢二进一"，借位规则是"借一当二"。二进制数据也是采用位置计数法，其位权是以 2 为底的幂。例如：二进制数据 110，逢 2 进 1，其权的大小顺序为 2^2、2^1、2^0。二进制数据的一般表达式（加权系数展开式）为：$N_2 = \sum\limits_{i=0}^{n-1} K_i \times 2^i$。

【例 1.1】 将二进制数据 111 写成加权系数展开式的形式。

解：$(111)_2 = 1 \times 2^2 + 1 \times 2^1 + 1 \times 2^0$

3）十六进制（Hexadecimal）与八进制（Octal）

十六进制是计算机中数据的一种表示方法，同日常生活中的表示法不一样。它由 $0 \sim 9$ 和 $A \sim F$ 组成，字母不区分大小写。与十进制的对应关系是：$0 \sim 9$ 对应 $0 \sim 9$；$A \sim F$ 对应 $10 \sim 15$；N 进制的数可以用 $0 \sim (N-1)$ 的数表示，超过 9 的数用字母 $A \sim F$ 表示。

八进制是一种以 8 为基数的计数法，采用 0、1、2、3、4、5、6、7 这 8 个数字，逢八进一。一些编程语言中常常以数字 0 开始以表明该数字是八进制。八进制数和二进制数可以按位对应（八进制一位对应二进制三位），因此常应用在计算机语言中。

2. 不同数制之间的相互转换

1）十进制数转换成二进制数

十进制转换为二进制采用"除 2 取余，逆序排列"法。具体做法是：用 2 去除十进制整数，可以得到一个商和一个余数；再用 2 去除商，又会得到一个商和一个余数，如此进行，直到商为零，然后把先得到的余数作为二进制数的低位有效位，后得到的余数作为二进制数的高位有效位，依次排列起来。

【例 1.2】 将十进制数 25 转换成二进制数。

解：用"除 2 取余"法转换，为：

2	25	……余1	读
2	12	……余0	取
2	6	……余0	顺
2	3	……余1	序
2	1	……余1	

则 $(25)_{10} = (11001)_2$。

2）二进制数转换成十进制数

由二进制数转换成十进制数的基本做法是：把二进制数首先写成加权系数展开式的形式，然后按十进制加法规则求和。这种做法称为"按权相加"法。

【例 1.3】 将二进制数 10011 转换成十进制数。

解：将每一位二进制数乘以位权，然后相加，可得：

$$(10011)_2 = 1 \times 2^4 + 0 \times 2^3 + 0 \times 2^2 + 1 \times 2^1 + 1 \times 2^0 = (19)_{10}$$

3）二进制数转换成八进制数

从小数点开始，整数部分向左、小数部分向右，每 3 位为一组用一位八进制数的数字表示，不足 3 位的要用"0"补足 3 位，就得到一个八进制数。

4）八进制数转换成二进制数

把每一个八进制数转换成 3 位的二进制数，就得到一个二进制数。八进制数与二进制数的对应关系见表 1.1。

表 1.1　八进制数与二进制数的对应关系

二进制	八进制	二进制	八进制
000	0	100	4
001	1	101	5
010	2	110	6
011	3	111	7

【例 1.4】　将八进制的 37 转换成二进制。

根据表 1.1 可知 $(37)_8 = (011\ 111)_2$。

即：$(37)_8 = (011\ 111)_2$。

【例 1.5】　将二进制的 010110 转换成八进制。

从低位到高位 3 个为一组，最高位不足 3 位补 0 即得到：$(010\ 110)_2$，按照表 1.1 可得：$(010\ 110)_2 = (26)_8$。

5）二进制数转换成十六进制数

二进制数转换成十六进制数时，只要从小数点位置开始，向左或向右每 4 位二进制划分为一组（不足 4 位数可补 0），然后写出每一组二进制数所对应的十六进制数即可。

6）十六进制数转换成二进制数

把每一个十六进制数转换成 4 位的二进制数，就得到一个二进制数。十六进制数与二进制数的对应关系见表 1.2。

表 1.2　十六进制数和二进制数的对应关系

二进制	十六进制	二进制	十六进制
0000	0	1000	8
0001	1	1001	9
0010	2	1010	A
0011	3	1011	B
0100	4	1100	C
0101	5	1101	D
0110	6	1110	E
0111	7	1111	F

【例 1.6】　将十六进制数 5DF 转换成二进制数。

根据表 1.2 可知每一位十六进制数可以由 4 位二进制数代替，即：$(5DF)_{16} =$ $(0101\ 1101\ 1111)_2$。

【例 1.7】　将二进制数 1100001 转换成十六进制数。

$(0110\ 0001)_2 = (61)_{16}$。

1.3.2　码制

1. BCD 码（二 - 十进制码）

BCD 码——用二进制代码来表示十进制的 0～9 这 10 个数。

要用二进制代码来表示十进制的 0～9 这 10 个数，至少要用 4 位二进制数有 16 种组合，可从这 16 种组合中选择 10 种组合分别来表示十进制的 0～9 这 10 个数。选哪 10 种组合，有多种方案，这就形成了不同的 BCD 码，表 1.3 是常用 BCD 码。

表 1.3　常用 BCD 码

十进制数	8421 码				2421 码				5421 码				余 3 码			
0	0	0	0	0	0	0	0	0	0	0	0	0	0	0	1	1
1	0	0	0	1	0	0	0	1	0	0	0	1	0	1	0	0
2	0	0	1	0	0	0	1	0	0	0	1	0	0	1	0	1
3	0	0	1	1	0	0	1	1	0	0	1	1	0	1	1	0
4	0	1	0	0	0	1	0	0	0	1	0	0	0	1	1	1
5	0	1	0	1	1	0	1	1	1	0	0	0	1	0	0	0
6	0	1	1	0	1	1	0	0	1	0	0	1	1	0	0	1
7	0	1	1	1	1	1	0	1	1	0	1	0	1	0	1	0
8	1	0	0	0	1	1	1	0	1	0	1	1	1	0	1	1
9	1	0	0	1	1	1	1	1	1	1	0	0	1	1	0	0
位权	8	4	2	1	2	4	2	1	5	4	2	1	无权			

2. 余三码

余三码（余 3 码）是由 8421BCD 码加上 0011 形成的一种无权码，由于它的每个字符编码比相应的 8421 码多 3，故称为余三码（BCD 码的一种）。余三码是一种对 9 的自补代码，因而，可给运算带来方便。其次，在将两个余三码表示的十进制数相加时，能正确产生进位信号，但对"和"必须修正。修正的方法是：如果有进位，则结果加 3；如果无进位，则结果减 3。

如 $(526)_{10进制} = (0101\ 0010\ 0110)_{8421BCD码} = (1000\ 0101\ 1001)_{余3码}$

3. 循环码

循环码又称格雷码（Grey Code）。格雷码又称循环二进制码或反射二进制码。在数字系统中只能识别 0 和 1，各种数据要转换为二进制代码才能进行处理，格雷码是一种无权码，它具有的循环、单步的特性消除了随机取数时出现重大误差的可能，它的反射、自补特性使得求反非常方便。格雷码属于可靠性编码，是一种错误最小化的编码方式。格雷码的特点是：相邻两数的格雷码，仅仅有一位二进制发生变化。而且在其范围内的最小值和最大值也仅仅有一位二进制发生变化。

1.4 逻辑代数的基本运算

逻辑代数是由英国科学家乔治·布尔（George·Boole）创立的，故又称布尔代数。布尔用数学方法研究逻辑问题，成功地建立了逻辑演算。逻辑代数是按照一定的逻辑规则进行逻辑运算的代数，是分析数字电路的数学工具。逻辑代数中的变量包括自变量（前因）和因变量（后果），都只有两个取值："1"和"0"。

逻辑代数和普通代数是有明显区别的，尽管在逻辑代数和普通代数中都存在数字"1"和数字"0"，但其在两者中的含义是有本质区别的，在逻辑代数中，"1"和"0"不表示具体的数量，而只是表示逻辑状态。例如，电位的高与低、信号的有与无、电路的通与断、开关的闭合与断开、晶体管的导通与截止等。而且逻辑运算也是逻辑关系的组合，并不表示数值的计算关系。

1.4.1 三种基本逻辑运算

任一逻辑函数和其变量的关系不管多么复杂，它都由相应输入变量的与、或、非3种基本运算构成，即逻辑函数中包含3种基本逻辑运算：与、或、非。任何逻辑运算都可以用这3种基本运算来实现。通常把实现与逻辑运算的单元电路叫作与门，把实现或逻辑运算的单元电路叫作或门，把实现非逻辑运算的单元电路叫作非门（也叫作反相器）。

1. 逻辑与（与门）

逻辑与的意义是：当A和B都为"1"时，Y才为"1"；A和B中只要有一个为"0"，Y必为"0"。

如图1.3所示的两个开关串联控制电灯的电路就是一种与逻辑电路，可以列出输入（开关）A、B与输出（电灯）Y的所有关系。可以很明显看出：只有当$A=1$并且$B=1$时，才有$Y=1$；A和B中只要有一个为0时，则$Y=0$。与逻辑——只有当决定一件事情的条件全部具备之后，这件事情才会发生。

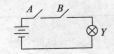

图1.3 与逻辑电路

设开关闭合为"1"、断开为"0"，电灯亮为"1"、不亮为"0"，可以用表格的形式列出逻辑关系，叫作真值表。它是描述逻辑功能的一种重要形式。表1.4为与逻辑的真值表。

表1.4 与逻辑的真值表

A	B	Y
0	0	0
0	1	0
1	0	0
1	1	1

反映逻辑与关系的逻辑运算叫作逻辑与，其逻辑函数表达式为：$Y=A\cdot B$（或$Y=AB$）。

式中，A 和 B 是输入变量，Y 是输出变量，"·"表示逻辑与运算。由此可见，与逻辑运算的规则为："有 0 出 0，全 1 出 1"。与门是数字电路中最基本的一种逻辑门电路，它的符号表示如图 1.4 所示。

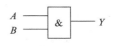

图 1.4　与门符号

2. 逻辑或（或门）

如图 1.5 所示的并联控制电灯的电路就是一种或逻辑电路。或逻辑和与逻辑的分析过程类似，可以列出该电路的输入开关 A、B 与输出（电灯）Y 的所有关系。

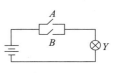

图 1.5　或逻辑电路

灯亮的条件是两个开关只要有一个闭合，这种 Y 与 A、B 的关系为"或逻辑"关系。所谓或逻辑，是当决定一件事情的几个条件中，只要有一个或一个以上条件具备时，这件事情就发生。这种因果关系叫作逻辑或，或者叫逻辑加。在逻辑代数中，逻辑变量之间的逻辑加关系称为加运算，也叫逻辑加法运算。

同理，若以开关闭合为"1"、断开为"0"，电灯亮为"1"、不亮为"0"，可以用表格的形式列出或逻辑的真值表，见表 1.5。

表 1.5　或逻辑的真值表

A	B	Y
0	0	0
0	1	1
1	0	1
1	1	1

反映逻辑或关系的逻辑运算叫作逻辑或，其逻辑函数表达式为：$Y = A + B$。由此可得或逻辑运算的规则为："有 1 出 1，全 0 出 0"。能够实现或逻辑运算的电路称为"或门"，它的符号表示如图 1.6 所示。

3. 逻辑非（非门）

如图 1.7 所示的电灯控制的电路就是一种非逻辑电路。可以得出该电路的输入（开关）A 与输出（电灯）Y 的关系，结果灯 Y 的亮、灭与条件开关 A 的闭合、断开呈现一种相反的因果关系，这种关系为"非逻辑"关系，或者叫作逻辑反。所谓非逻辑，是某事情发生与否，仅取决于一个条件，而且是对该条件的否定。即条件具备时事情不发生；条件不具备时事情才发生。

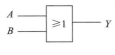

图 1.6　或门符号

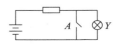

图 1.7　非逻辑电路

同理，若以开关闭合为"1"、断开为"0"，电灯亮为"1"、不亮为"0"，可以用表格的形式列出非逻辑的真值表，见表 1.6。

表 1.6　非逻辑的真值表

A	Y
0	1
1	0

反映逻辑非关系的逻辑运算叫作逻辑非，其逻辑函数表达式为：$Y = \overline{A}$。由此可得非运算的规则为：$\overline{0} = 1$;$\overline{1} = 0$;$A + \overline{A} = 1$;$A \times \overline{A} = 0$。能够实现非逻辑运算的电路称为"非门"，它的符号表示如图 1.8 所示。

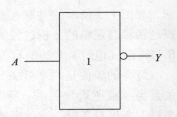

图 1.8　非门符号

1.4.2　复合逻辑运算

实际的逻辑问题往往比与、或、非复杂得多，不过它们都可以用与、或、非的组合来实现。最常用的复合逻辑运算有与非、或非、与或非、异或、同或等。表 1.7 给出了它们的表达式、逻辑符号、真值表和运算规律。

1. 与非运算

与非——由与运算和非运算组合而成。其逻辑表达式、真值表、逻辑符号和运算规律见表 1.7。

表 1.7　5 种组合逻辑运算

逻辑名称	与非		或非		与或非				异或			同或		
逻辑表达式	$Y = \overline{AB}$		$Y = \overline{A + B}$		$Y = \overline{AB + CD}$				$Y = A \oplus B$			$Y = A \odot B$		
逻辑符号	A B & Y		A B ≥1 Y		A B C D & ≥1 Y				A B =1 Y			A B = Y		
真值表	A B	Y	A B	Y	A B C D			Y	A B		Y	A B		Y
	0 0	1	0 0	1	0 0 0 0			1	0 0		0	0 0		1
	0 1	1	0 1	0	0 0 0 1			1	0 1		1	0 1		0
	1 0	1	1 0	0	⋮ ⋮ ⋮ ⋮			⋮	1 0		1	1 0		0
	1 1	0	1 1	0	1 1 1 1			0	1 1		0	1 1		1
运算规律	有 0 得 1 全 1 得 0		有 1 得 0 全 0 得 1		与项为 1 结果为 0，其余输出全为 1				相同为 0 不同为 1			相同为 1 不同为 0		

2. 或非运算

或非——由或运算和非运算组合而成。其逻辑表达式、逻辑符号、真值表和运算规律见表 1.7。

3. 与或非运算

与或非运算是将 A 和 B、C 和 D 分别相与，然后将两者结果求和再求反。其逻辑表达式、逻辑符号、真值表和运算规律见表 1.7。

4. 异或运算

异或是一种二变量逻辑运算，当两个变量取值相同时，逻辑函数值为 0；当两个变量取值不同时，逻辑函数值为 1。其逻辑表达式、逻辑符号、真值表和运算规律见表 1.7。

5. 同或运算

同或运算是当输入变量 A 和 B 的取值相同时，输出变量的值为"1"；当输入变量 A 和 B 的取值不相同时，输出变量的值为"0"。其逻辑表达式、逻辑符号、真值表和运算规律见表 1.7。

1.5　逻辑代数的公式和运算规则

1.5.1　基本公式

1. 基本定律

逻辑代数是一门完整的科学。与普通代数一样，也有一些用于运算的基本定律。基本定律反映了逻辑运算的基本规律，是化简逻辑函数、分析和设计逻辑电路的基本方法。

1）交换律

$$A + B = B + A$$
$$A \cdot B = B \cdot A$$

2）结合律

$$A + (B + C) = (A + B) + C$$
$$A \cdot (B \cdot C) = (A \cdot B) \cdot C$$

3）分配律

$$A \cdot (B + C) = A \cdot B + A \cdot C$$
$$A + B \cdot C = (A + B) \cdot (A + C)$$

4）反演律（德·摩根定律）

$$\overline{A + B} = \overline{A} \cdot \overline{B}$$
$$\overline{AB} = \overline{A} + \overline{B}$$

2. 基本公式

1）常量与常量

$$0 \cdot 0 = 0, \ 0 \cdot 1 = 0, \ 1 \cdot 1 = 1$$
$$0 + 0 = 0, \ 0 + 1 = 1, \ 1 + 1 = 1$$
$$\overline{0} = 1, \ \overline{1} = 0$$

2）常量与变量

$$0 \cdot A = 0, \ 1 \cdot A = A$$
$$0 + A = A, \ 1 + A = 1$$

3）变量与变量

$$A \cdot A = A, \ A \cdot \overline{A} = 0$$
$$A + A = A, \ A + \overline{A} = 1$$
$$\overline{\overline{A}} = A$$

3. 常用公式

除上述基本公式外，还有一些常用公式，这些常用公式可以利用基本公式和基本定律推导出来，直接利用这些导出公式可以方便、有效地化简逻辑函数。

1）$A + AB = A$

证明：$A + AB = A(1 + B) = A$

上式说明当两个乘积项相加时，若其中一项（长项：AB）以另一项（短项：A）为因子，则该项（长项）是多余项，可以删掉。该公式可用一个口诀帮助记忆："长中含短，留下短"。

2）$AB + A\overline{B} = A$

证明：$AB + A\overline{B} = A(B + \overline{B}) = A$

上式说明当两个乘积项相加时，若他们分别包含互为逻辑反的因子（B 和 $\overline{B}$），而其他因子相同，则两项定能合并，可将互为逻辑反的两个因子（B 和 $\overline{B}$）消掉。

3）$A + \overline{A}B = A + B$

证明：$A + \overline{A}B = (A + \overline{A})(A + B) = A + B$

上式说明当两项相加时，若其中一项（长项：$\overline{A}B$）包含另一项（短项：A）的逻辑反（$\overline{A}$）作为乘积因子，则可将该项（长项）中的该乘积因子（$\overline{A}$）消掉。该公式可用一个口诀帮助记忆："长中含反，去掉反"。

4）$AB + \overline{A}C + BC = AB + \overline{A}C$

证明：

$$\begin{aligned} AB + \overline{A}C + BC &= AB + \overline{A}C + (A + \overline{A})BC \\ &= AB + \overline{A}C + ABC + \overline{A}BC \\ &= AB(1 + C) + \overline{A}C(1 + B) \\ &= AB + \overline{A}C \end{aligned}$$

上式说明当 3 项相加时，若其中两项（AB 和 $\overline{A}C$）含有互为逻辑反的因子（A 和 $\overline{A}$），则该两项中去掉互为逻辑反的因子后剩余部分的乘积（BC）称为冗余因子。若第 3 项中包含前两项的冗余因子，则可将第 3 项消掉，该项也称为前两项的冗余项。该公式可用一个口诀帮助记忆："正负相对，余（余项）全完"。

1.5.2 逻辑代数的 3 个运算规则

1. 代入规则

在任意一个逻辑等式中，如果将等式两边所有出现的某一变量都代之以一个逻辑函数，则此等式仍然成立，这一规则称为代入规则。

2. 反演规则

已知逻辑函数 F，求其反函数时，只要将原函数 F 中所有的原变量变为反变量，反变量变为原变量；"+"变为"·"，"·"变为"+"；"0"变为"1"；"1"变为"0"。这就是逻辑函数的反演规则。

3. 对偶规则

已知逻辑函数 F，只要将原函数 F 中所有的"+"变为"·"，"·"变为"+"；"0"变为"1"；"1"变为"0"，而变量保持不变、原函数的运算先后顺序保持不变，那么就可以得到一个新函数，这新函数就是对偶函数 F'。对偶函数与原函数具有如下特点：原函数与对偶函数互为对偶函数；任两个相等的函数，其对偶函数也相等。这两个特点即是逻辑函数的对偶规则。

1.6　逻辑函数的表示方法及化简

1.6.1　逻辑函数的建立

逻辑函数（Logical Function）是数字电路（一种开关电路）的特点及描述工具，输入、输出量是高、低电平，可以用二元常量（0，1）来表示，输入量和输出量之间的关系是一种逻辑上的因果关系，仿效普通函数的概念，数字电路可以用逻辑函数的数学工具来描述。

【例1.8】　3个人表决一件事情，结果按"少数服从多数"的原则决定，试写出该逻辑函数。

解：第一步，设置自变量和因变量。

第二步，状态赋值。

对于自变量 A、B、C，设：同意为逻辑"1"，不同意为逻辑"0"。

对于因变量 Y，设：事情通过为逻辑"1"，没通过为逻辑"0"。

第三步，根据题意及上述规定列出函数的真值表，见表1.8。

表1.8　三人表决电路真值表

A B C	Y
0　0　0	0
0　0　1	0
0　1　0	0
0　1　1	1
1　0　0	0
1　0　1	1
1　1　0	1
1　1　1	1

一般地说，若输入逻辑变量 A、B、C…的取值确定以后，输出逻辑变量 Y 的值也就确定了，就称 Y 是 A、B、C 的逻辑函数，写作：$Y = f(A, B, C\cdots)$。

逻辑函数与普通代数中的函数相比较，有两个突出的特点：

（1）逻辑变量和逻辑函数只能取 0 和 1 两个值。

（2）函数和变量之间的关系是由"与""或""非"3 种基本运算决定的。

1.6.2　逻辑函数的表示方法

逻辑函数常用的表示方法有：逻辑真值表法、逻辑函数式法（逻辑式或函数式）、逻辑图法、波形图法。

1．逻辑真值表法

采用一种表格来表示逻辑函数的运算关系，其中输入部分列出输入逻辑变量的所有可能组合，输出部分给出相应的输出逻辑变量值。逻辑真值表完全地反映了逻辑函数的逻辑关系，一个逻辑函数对应一个逻辑真值表。

2．逻辑函数式法

采用与数学函数式相类似的表达方式来描述数字逻辑，其用与、或、非、异或、同或等逻辑运算符将逻辑变量连接起来，从而表示出逻辑变量之间的逻辑关系。同一个逻辑函数可以有多种逻辑函数式的表示方式。

3．逻辑图法

采用规定的图形符号来构成逻辑函数运算关系的网络图形。逻辑图往往从逻辑函数式演变而来，即将逻辑函数式中用以描述逻辑关系的与、或、非、异或、同或等运算符用相应的逻辑符号来表示。逻辑图表示法比逻辑函数式表示法更加形象易懂。

4．波形图法

波形图法是指在给出输入信号的波形的同时，给出对应的输出信号的波形。波形图是最能形象地表示逻辑函数的表示方法，其以图形的形式建立起输入与输出的函数关系。另外，波形图能够描述出逻辑函数的时间特性，例如延时等。

5．逻辑函数几种表示法之间的相互转换

同一个逻辑函数可以用以上方法中的任何一种或几种进行表示，对于同一个逻辑函数而言，其只是表示方法的不同，含义是相同的，几种表示方法之间是可以相互转换的。

1）逻辑真值表与逻辑函数式的相互转换

由真值表写出逻辑函数式的一般方法如下所述。

（1）找出真值表中使逻辑函数 $Y = 1$ 的那些输入变量取值的组合。

（2）每组输入变量取值的组合对应一个乘积项，其中取值为 1 的写入原变量，取值为 0 的写入反变量。

（3）将这些乘积项相加，即得 Y 的逻辑函数式。

由逻辑式列出真值表就更简单了。这时只需将输入变量取值的所有组合状态逐一代入逻辑式求出函数值，再列成表，即可得到真值表。

2）逻辑函数式与逻辑图的相互转换

从给定的逻辑函数式转换为相应的逻辑图时，只要用逻辑图形符号代替逻辑函数式中的逻辑运算符号，并按运算符号的优先顺序将它们连接起来，就可以得到所求的逻辑图了。

3）波形图与逻辑真值表的相互转换

在从已知的逻辑函数波形图求对应的真值表时，首先需要从波形图上找出每个时间段里输入变量与函数输出的取值，然后将这些输入、输出取值对应列表，就得到了所求的真值表。

在将真值表转换为波形图时，只需将真值表中所有的输入变量与对应的输出变量取值依次排列画成以时间为横轴的波形，就得到了所求的波形图。

1.6.3 逻辑函数的公式化简法

逻辑函数的化简有两种常用的方法：公式化简法，卡诺图化简法。

公式化简法就是运用逻辑代数的基本定律和基本公式消去函数式（多指与或逻辑式）中多余的乘积项或乘积项中多余的因子，进而得到最简与或表达式。公式化简法的常用化简方式有：

1. 并项法

利用公式 $AB + A\bar{B} = A$，把两项合并为一项，从而消去变化量，保留不变量。

$$Y = ABC + AB\bar{C} + \bar{A}B = AB + \bar{A}B = B$$

2. 吸收法

利用公式 $A + AB = A$，消去多余的乘积项。

$$Y = A + AB + ABC = A$$

3. 消去法

利用公式 $A + \bar{A}B = A + B$ 或 $AB + \bar{A}C + BC = AB + \bar{A}C$ 消去多余的乘积项。

$$Y = AB + \bar{A}C + B\bar{C} = AB + \bar{A}C + BC + B\bar{C} = B + \bar{A}C$$

4. 配项法

利用公式 $A + \bar{A} = 1$ 或 $AB + \bar{A}C + BC = AB + \bar{A}C$，可以使任何函数项乘以 $A + \bar{A}$，展开后消去一些项。

$$Y = A\bar{B} + B\bar{C} + \bar{B}C + \bar{A}B$$
$$= A\bar{B} + B\bar{C} + \bar{B}C(A + \bar{A}) + \bar{A}B(C + \bar{C})$$
$$= A\bar{B} + B\bar{C} + A\bar{B}C + \bar{A}\bar{B}C + \bar{A}BC + \bar{A}B\bar{C}$$
$$= A\bar{B} + B\bar{C} + \bar{A}C$$

1.6.4 逻辑函数的卡诺图化简法

公式化简法往往需要综合运用以上几种方法，要求化简人员熟练掌握逻辑代数基本公式，并具有一定的运算技巧才能完成，并且不同的逻辑函数间化简的规律性不强。逻辑函数的卡诺图化简法则是基于图像（卡诺图）的方式，以规律性的方式对逻辑函数进行化简，对化简人员的知识要求水平大大降低了。

1. 最小项

由 n 个变量组成的乘积项中，如果每个变量都以原变量或反变量的形式出现且仅出现一次，那么该乘积项称为 n 个变量的一个最小项。

例如，A、B、C 3 个变量的最小项有 $\overline{A}\,\overline{B}\,\overline{C}$、$\overline{A}\,\overline{B}C$、$\overline{A}B\overline{C}$、$\overline{A}BC$、$A\overline{B}\,\overline{C}$、$A\overline{B}C$、$AB\overline{C}$、$ABC$ 共 8 个。观察发现，这些最小项都具有 A、B、C 3 个变量，并且这 3 个变量都以原变量 A、B、C 或其反变量 $\overline{A}$、$\overline{B}$、$\overline{C}$ 的形式出现一次，由此可知 3 个变量的最小项一共有 $2^3 = 8$ 个。同理，4 个变量的最小项有 $2^4 = 16$ 个。一般具有 n 个变量的，其最小项一共有 2^n 个。

最小项具有以下性质：

（1）任何一组变量取值下，只有一个最小项的值为 1，其他最小项的值均为 0。

（2）任何两个不同的最小项的乘积为 0。

（3）任何一组变量取值下，全部最小项之和为 1。

为了表示方便，常常给最小项进行编号，一般地，将令最小项值为 1 时的各乘积项对应的二进制数的十进制数值表示为该最小项的编号。例如：$\overline{A}\,\overline{B}\,\overline{C}$ 为 1 时，A、B、C 取值为 0、0、0，其对应的十进制为 0，因此，$\overline{A}\,\overline{B}\,\overline{C}$ 标记为 m_0；类似地，$\overline{A}\,\overline{B}C$ 标记为 m_1。

2. 最小项表达式

逻辑函数的最小项表达式是指在逻辑函数的与或表达式的基础上，将那些不是最小项的乘积项乘以 $(X + \overline{X})$ 表达式，即补齐缺失因子后得到的表达式。

$$
\begin{aligned}
Y &= AB + AC \\
&= AB(C + \overline{C}) + AC(B + \overline{B}) \\
&= ABC + AB\overline{C} + A\overline{B}C
\end{aligned}
$$

最小项之和形式的表达式如果用序号形式表示则为：

$$
Y(A,B,C) = m_5 + m_6 + m_7 = \sum m(5,6,7)
$$

一个逻辑函数，其最小项之和表达式只有一个。

3. 卡诺图

如果两个最小项中，只有一个因子互为相反，其余因子均相同，则这两个最小项称为逻辑相邻项。美国工程师卡诺（Karnaugh）设计了一种最小项方格图，他把逻辑相邻项巧妙地安排在位置相邻的方格中，即用位置相邻表示逻辑相邻，该种类型的方格图称为卡诺图。

例如：两个变量 A、B 的卡诺图如图 1.9 所示。为画图方便，一般把变量标注在卡诺图的左上角，而用 0 和 1 表示原变量和反变量，标注在卡诺图的左侧和上方，图 1.9 的卡诺图可以简化表示为图 1.10 所示。

$A \backslash \overline{B}$	$\overline{B}$	B
$\overline{A}$	$\overline{A}\,\overline{B}$	$\overline{A}B$
A	$A\overline{B}$	AB

图 1.9　两变量卡诺图

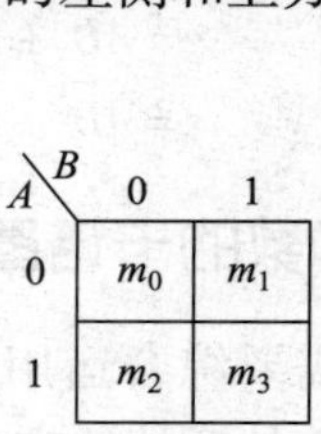

$A \backslash B$	0	1
0	m_0	m_1
1	m_2	m_3

图 1.10　两变量卡诺图的简化表示

三变量的卡诺图和四变量的卡诺图分别如图 1.11 和图 1.12 所示。

需要注意的是，图中不仅位置直接相连方格的最小项是逻辑相邻项，而且上下、左右相对的方格也是逻辑相邻项，例如图 1.12 中，m_1 和 m_9 是逻辑相邻项，m_8 和 m_{10} 也是逻辑相邻项。

A \ BC	00	01	11	10
0	m_0	m_1	m_3	m_2
1	m_4	m_5	m_7	m_6

图 1.11　三变量卡诺图

AB \ CD	00	01	11	10
00	m_0	m_1	m_3	m_2
01	m_4	m_5	m_7	m_6
11	m_{12}	m_{13}	m_{15}	m_{14}
10	m_8	m_9	m_{11}	m_{10}

图 1.12　四变量卡诺图

4. 用卡诺图表示逻辑函数

逻辑函数都可以表示成最小项之和的形式，而卡诺图只不过是一种特殊排列的最小项的图形表示形式，因此卡诺图完全可以表示逻辑函数。用卡诺图表示逻辑函数的方法是：先根据逻辑函数所包含的变量数，画出相应的最小项卡诺图，然后在卡诺图中与逻辑函数中包含的最小项相对应的方格中填 1，逻辑函数中不包括的最小项对应的方格填 0 或不填。

【例 1.9】　用卡诺图表示 $Y = AB$。

$Y = AB$ 的卡诺图表示如图 1.13 所示。

A \ B	0	1
0		
1		1

图 1.13　例 1.9 的卡诺图

【例 1.10】　用卡诺图表示 $Y = AB + BC + AC$。

先将逻辑表达式写成最小项的表达形式：

$$\begin{aligned} Y &= AB + BC + AC \\ &= AB(C + \bar{C}) + (A + \bar{A})BC + AC(B + \bar{B}) \\ &= ABC + AB\bar{C} + \bar{A}BC + A\bar{B}C \end{aligned}$$

其卡诺图表示如图 1.14 所示。

【例 1.11】　用卡诺图表示 $Y(A,B,C,D) = AB + CD$。

$$\begin{aligned} Y(A,B,C,D) &= AB + CD \\ &= AB(C + \bar{C})(D + \bar{D}) + (A + \bar{A})(B + \bar{B})CD \\ &= ABCD + ABC\bar{D} + AB\bar{C}D + AB\bar{C}\bar{D} + A\bar{B}CD + \bar{A}BCD + \bar{A}\bar{B}CD \end{aligned}$$

其卡诺图表示如图 1.15 所示。

A \ BC	00	01	11	10
0			1	
1		1	1	1

图 1.14　例 1.10 的卡诺图

AB \ CD	00	01	11	10
00			1	
01			1	
11	1	1	1	1
10			1	

图 1.15　例 1.11 的卡诺图

5. 用卡诺图化简逻辑函数

由于卡诺图中位置相邻的两个方格其逻辑也是相邻的，而两个逻辑相邻项可以合并成一项，并消去那个变化的因子，所以利用卡诺图可以很方便地找到逻辑相邻项（即位置相邻项），合并后消去相应项，就可以很方便地得到化简后的函数式了。利用卡诺图对逻辑函数进行化简的方法称为卡诺图化简法或图形化简法。

卡诺图化简法中，合并最小项的规则是：两个相邻方格的最小项合并可以消去那个不同的因子，其他相同因子保留。4 个相邻方格的最小项（要求成矩形相邻）合并可以消去那两个不同的因子，其他相同因子保留。8 个相邻方格的最小项合并可以消去那 3 个不同的因子，其他相同因子保留。一般地，2^n 个排成矩形相邻方格的最小项合并可以消去 n 个变化的因子，而保留其余不变的因子。

卡诺图化简法的一般步骤如下：

（1）画出逻辑函数的卡诺图。

（2）按照合并最小项规则，将能合并的最小项圈起来。

（3）没有相邻项的单独圈。

（4）每个圈作为一个乘积项，将各圈表示的乘积项加起来即为化简后的与或表达式。

卡诺图化简法中，合并最小项（画最小项圈）时需要注意以下几点：

（1）能够合并的最小项数必须是 2 的整数次幂，即 2^n。

（2）合并的最小项所在方格必须是相邻的，并排成矩形。

（3）合并相邻项的圈尽可能的大。

（4）每个圈中至少有一个最小项是没有被其他圈圈过的。

（5）用尽可能少的圈，不遗漏地圈完所有逻辑函数所包含的最小项。

下面通过几个例子具体说明如何通过卡诺图化简法来化简逻辑函数。

【例 1.12】 用卡诺图化简法将逻辑函数 $Y(A,B,C,D) = \sum m(0,1,6,7,14)$ 化简为最简与或式。

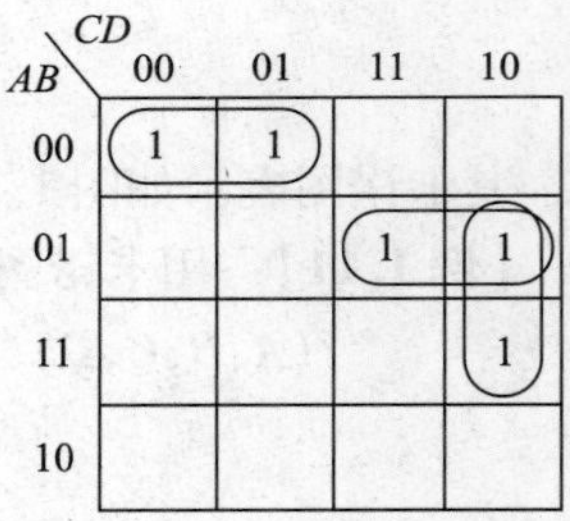

解：（1）画出逻辑函数的卡诺图，如图 1.16 所示。

（2）按照合并最小项规则画圈合并。

（3）化简后的表达式为：$Y = \overline{A}\,\overline{B}\,\overline{C} + \overline{A}BC + BC\overline{D}$

说明：由上例可以看出，卡诺图中每一个圈对应化简后的表达式中的一个乘积项，化简中最小项可以重复使用。

【例 1.13】 用卡诺图化简法将逻辑函数 $Y(A,B,C,D) = \sum m(0,1,4,5,6,7,13,14,15)$ 化简为最简与或式。

解：（1）画出逻辑函数的卡诺图，如图 1.17 所示。

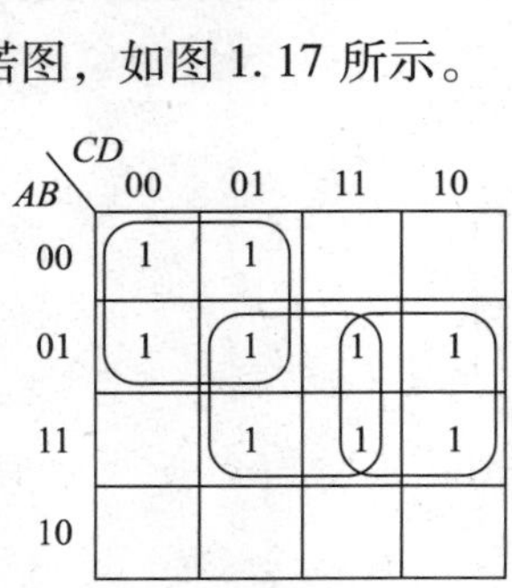

图 1.16 例 1.12 的卡诺图

图 1.17 例 1.13 的卡诺图

（2）按照合并最小项规则画圈合并。

（3）化简后的表达式为：$Y = \overline{A}\overline{C} + BC + BD$。

【例1.14】 用卡诺图化简法将逻辑函数 $Y(A,B,C,D) =$ $\sum m(0,1,6,7,14)$ 化简为最简与或式。

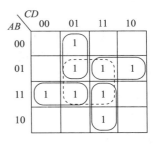

解：（1）画出逻辑函数的卡诺图，如图1.18所示。

（2）按照合并最小项规则，画圈合并最小项。

（3）化简后的表达式为：$Y = \overline{A}\overline{C}D + \overline{A}BC + AB\overline{C} + ACD$。

说明：尽管图1.18中虚线部分是一个大的圈，但由于包含在其中的所有方格都已经被其他圈所包含了，因此，该圈是不必要的。

图1.18 例1.14的卡诺图

【例1.15】 用卡诺图化简法将逻辑函数 $Y(A,B,C,D) =$ $\sum m(0,1,2,3,8,9,10,11)$ 化简为最简与或式。

解：（1）画出逻辑函数的卡诺图，如图1.19所示。

（2）按照合并最小项规则画圈合并。

（3）化简后的表达式为：$Y = \overline{B}$。

说明：卡诺图上下对应位置的方格也是逻辑相邻的。

【例1.16】 用卡诺图化简法将逻辑函数 $Y(A,B,C,D) = \sum m(0,2,8,10)$ 化简为最简与或式。

解：画出逻辑函数的卡诺图，如图1.20所示。

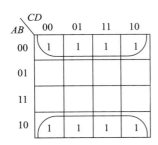

图1.19 例1.15的卡诺图

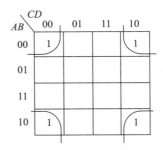

图1.20 例1.16的卡诺图

化简后的表达式为：$Y = \overline{B}\overline{D}$。

说明：卡诺图上下对角和左右对角位置的方格也是逻辑相邻的。

6. 具有无关项的逻辑函数及其化简

数字电子技术中的逻辑问题分完全描述与非完全描述两种。在非完全描述逻辑函数中，逻辑函数的输出只和一部分最小项有关，而和其余最小项无关，这部分无关的最小项写与不写对逻辑函数没有影响。这些与逻辑函数输出无关的最小项称之为逻辑无关项或无关项。

无关项可分为任意项和约束项，任意项指该项的取值对电路的输出（即对电路的功能）没有影响；约束项是指由于变量之间的约束关系，使有些变量的取值不可能出现，即它所对应的最小项恒为0。

因为约束项（无关项）的取值对逻辑函数没有影响，即取0和取1对于逻辑电路的效果是一样的，所以在卡诺图中约束项（无关项）所对应的方格内填 0 或填 1 均可，一般地，填入"×"表示无关项。

约束项也可以用最小项的编号代替最小项，相应的约束项用对应编号表示，格式如下：

$$\sum d(n_1,n_2,\ldots,n_m) = 0$$，其中 n_1，n_2，n_m 为最小项的编号，为自然数。

化简具有约束项的逻辑函数时，可以根据化简需要，合理地确定约束项的取值，从而得到更加简化的逻辑表达式。也就是说，为了使化简时的矩形圈尽可能的大，可以让其中的在圈内的约束项取值为 1，而那些圈外的则取值为 0，从而不增加多余项。

【例 1.17】 用卡诺图化简法将带有无关项的逻辑函数化简为最简与或式。

$$Y = \sum m(1,3,5,7,11) + \sum d(9,10,13,14,15)$$

解：画出逻辑函数的卡诺图，如图 1.21 所示，其中无关项用"×"表示。按照合并最小项规则，将最小项画圈合并。

化简后的表达式为：$Y = D$。

说明：为了化简需要，在卡诺图中 m_9、m_{13}、m_{15} 3 个方格内的无关的最小项取值为 1，而将 m_{10}、m_{14} 两个方格内无关的最小项取值为 0，这样得到的化简后的表达式最简单。

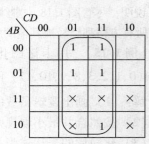

图 1.21　例 1.17 卡诺图

1.7　课堂实验——入室盗窃警报装置

1.7.1　实验目的

（1）掌握基本逻辑门电路的逻辑功能。
（2）掌握基本逻辑门电路的测试方法。
（3）学会逻辑门电路的简单运用，用或门实现一个简单的入室盗窃警报电路。
（4）学会用 Multisim 软件进行数字电路的仿真实验。

1.7.2　实验设备

装有 Multisim 软件的计算机。

1.7.3　实验原理

一个简单的入室盗窃警报装置的简化图如图 1.22 所示。这个装置可以用于一间具有两扇窗户和一扇门的房间。传感器是磁性开关，它被打开时会产生一个高电平输出，关闭时会产生一个低电平输出。只要窗户和门是安全的，开关就是关闭的，并且或门的 3 个输入都是低电平。当一个窗户或者门被打开时，在或门的输入就

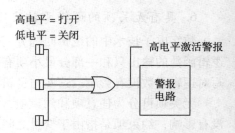

图 1.22　入室盗窃警报装置的简化图

会产生一个高电平，这样或门的输出就是高电平，警报电路就会被激活，发出入侵警报。

1.7.4 计算机仿真实验内容

1. 与非门 74LS00 的逻辑功能测试

（1）设置仿真环境。

单击"仿真（S）"菜单中的"混合模式仿真设置（M）"，如图 1.23 所示。

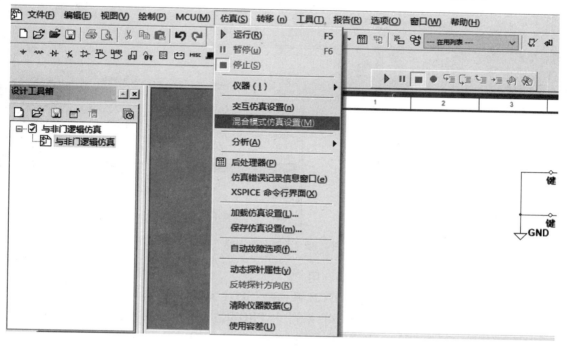

图 1.23 "仿真（S）"菜单

在打开的对话框中选中"使用真实管脚模型（仿真准确率更高 – 要求电源和数字地）（R）"，然后单击"确认"按钮，如图 1.24 所示。

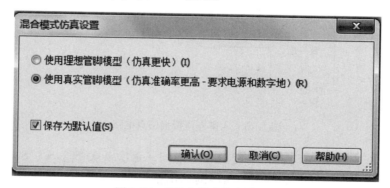

图 1.24 "混合模式仿真设置"

设置完成后，电路引脚悬空就为高电平，与真实芯片情况相同。

（2）打开 Multisim 软件，创建逻辑功能仿真电路。

在元器件库中选择"TTL"组，在列表中选择"74S"系列，在元器件列表中选中"74S04D"，如图1.25所示。单击"确认"按钮，确认取出74S04D非门。注意：在Multisim中芯片的引脚命名和原理部分或与其他书籍有所不同，但只要是引脚号相同，就表示同一个引脚。

图1.25　元器件的选取

（3）其他元器件可参照以下说明取用。
- S_1单刀开关：Basic组—→SWITCH系列—→SPDT元器件
- 阈值电压：Sourses组—→PROBE系列—→PROBE_ DIG_ BLUE元器件
- 地GND：Sourses组—→POWER系列–Sourses—→GROUND元器件
（4）搭建如图1.26所示的电路。

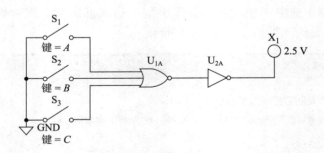

图1.26　入室盗窃警报仿真电路

用开关S_1、S_2、S_3分别代表两扇窗户和一扇门，每次开关S_1、S_2、S_3分别闭合一次，等价于在或非门输入端拉低电平一次，非门的输出指示灯X_1点亮，表示输出高电平1，这时激活警报电路，发出入侵警报；当非门的输出指示灯X_1不亮，表示输出为低电平0，这时窗户和门都是安全的，实现了入室盗窃警报功能测试。

切换开关S_1、S_2、S_3，使之处于相应的输入状态，观察输出指示灯X_1的变化，把测试结果填入表1.9中（设开关S_1、S_2、S_3的状态为A、B、C，灯X_1的状态为Y）。

表1.9 入室报警仿真测试记录表

输入			输出
A	B	C	Y
0	0	0	0
0	0	1	1
0	1	0	1
0	1	1	1
1	0	0	1
1	0	1	1
1	1	0	1
1	1	1	1

项目小结

（1）数字信号在时间上和数值上均是离散的。

（2）数字电路中用高电平和低电平分别来表示逻辑1和逻辑0，它和二进制数中的0和1正好对应。因此，数字系统中常用二进制数来表示数据。

（3）常用的BCD码有8421码、2421码、5421码、余3码等，其中8421码使用最广泛。

（4）在数字电路中，半导体二极管、三极管一般都工作在开关状态，即工作于导通（饱和）和截止两个对立的状态，以此来表示逻辑1和逻辑0。影响它们开关特性的主要因素是管子内部电荷存储和消散的时间。

（5）逻辑运算中的3种基本运算是与、或、非运算。

（6）描述逻辑关系的函数称为逻辑函数。逻辑函数中的变量和函数值都只能取0或1两个值。

（7）常用的逻辑函数表示方法有真值表、函数表达式、逻辑图等，它们之间可以任意地相互转换。

思考与习题

1-1 以下物理量是模拟量的是（   ）

A. 温度　　　　　　B. 温度开关　　　　　C. 方波信号　　　　D. 矩形波信号

1-2 以下物理量是数字量的是（   ）

A. 温度　　　　　　B. 压力　　　　　　　C. 速度　　　　　　D. 温度开关

1-3 SSI 和 MSI 是数字电路根据（　　）来分的。

A. 电路有无集成元件　　　　　　B. 电路的集成度

C. 构成电路的半导体元件类型　　D. 电路功能

1-4 将二进制数 1101 分别转换为八进制、十六进制、十进制。

1-5 将二进制数 110.011 分别转换为八进制、十六进制、十进制。

1-6 将十进制的 110 分别转换为二进制、八进制、十六进制。

1-7 250 的 BCD 码是什么？

1-8 给出表 1.10 所示的真值表所描述的逻辑函数的表达式。

表 1.10　题 1-8 真值表

输入			输出
A	B	C	Y
0	0	0	0
0	0	1	0
0	1	0	0
0	1	1	1
1	0	0	1
1	0	1	1
1	1	0	0
1	1	1	0

1-9 用公式法将下列函数化简为最简与或表达式。

(1) $Y = \overline{A}BC + ABC + A\overline{B}C + AB\overline{C}$

(2) $Y = AB + B + ABC + BC$

(3) $Y = AB + \overline{B} + AC + BC$

(4) $Y = ABCDEF + ABC\overline{D}EF + ABCD + A\overline{B}$

1-10 将下列函数写成最小项表达式，并用卡诺图化简法化简成最简与或表达式。

(1) $Y = ABC + \overline{A}BC + \overline{A}C + A\overline{B}$

(2) $Y = \overline{A\overline{B}} + B\overline{C} + \overline{\overline{A}BC} + \overline{\overline{ABC}}$

1-11 用卡诺图化简下列函数，并写成最简与或表达式。

(1) $Y(A,B,C) = \sum m(0,2,4,6)$

(2) $Y(A,B,C) = \sum m(0,1,2,4,6)$

(3) $Y(A,B,C,D) = \sum m(0,1,2,4,6)$

(4) $Y(A,B,C,D) = \sum m(0,2,4,6)$

1-12 用卡诺图化简法化简以下函数，并写成最简与或表达式。

(1) $Y(A,B,C) = \sum m(0,2,4,6) + \sum d(1,3)$

(2) $Y(A,B,C) = \sum m(0,1,2,4,6) + \sum d(3,5)$

(3) $Y(A,B,C,D) = \sum m(0,1,2,4,6) + \sum d(3,5,7,8,9)$

(4) $Y(A,B,C,D) = \sum m(0,2,4,6) + \sum d(1,3,5,7,8,9)$

1-13　简述数字电路的特点。

1-14　为什么数字系统中通常采用二进制?

八选一信号编码电路的设计

🔄 项目摘要

本项目简单介绍了集成逻辑门电路的工作原理，以及集成逻辑门电路的外部特性。包括讲解几种通用的集成逻辑门电路，如 BJT – BJT 逻辑门电路（TTL）和金属 – 氧化物 – 半导体互补对称逻辑门电路（CMOS）等的使用。

🔄 学习目标

- 认识集成门电路；
- 了解数字集成门电路（TTL 和 CMOS）的特点，并掌握使用方法；
- 掌握运用 Multisim 仿真软件对组合逻辑电路分析、设计的方法；
- 掌握利用基本集成门电路设计常见逻辑电路的方法，并能利用逻辑关系查找故障；
- 熟悉表决器的工作原理与使用。

2.1　集成逻辑门电路

在数字电路中，用来实现各种逻辑运算的电路称为逻辑门电路，简称门电路。门电路可以分为分立元件门电路和集成门电路。目前，在实际中广泛采用集成逻辑门电路。将逻辑电路的元器件和连线通过一定的工艺集成在一块半导体基片上，然后封装在一个管壳内，成为具有所需电路功能的微型结构，以及具有一定的逻辑功能的电路，这种电路称为集成逻辑门电路，简称集成电路。整个集成电路（Integrated Circuit，简称 IC）相比于非集成电路来说，其体积大大缩小，且引出线和焊接点的数目也大为减少，从而使电子元器件向着微小型化、低功耗和高可靠性方向迈进了一大步。

2.1.1　TTL 集成逻辑门电路

以双极型晶体管为基本元件，将其集成在一块硅片上，并具有一定的逻辑功能的电路称为双极型逻辑集成电路，简称 TTL 电路。目前，广泛应用的数字集成电路主要有双极型门电路和单极型门电路两种，其中以双极型 TTL 电路的应用最为广泛。TTL 电路属电流控制的双极型电路。TTL 电路的特点是开关速度较高，常用于高速控制系统，主要缺点是电路的静态功耗较大、抗干扰能力稍差。

和其他集成电路一样，集成门电路可以不去讨论它的内部结构和工作原理，但需要知道它的分类、引脚定义、参数和使用方法。

1. TTL 与非门电路

基本 TTL 反相器很容易组成多输入端的与非门电路。它的主要特点是在电路的输入端采用了多发射极的三极管，如图 2.1 所示，其由输入极、中间极和输出极 3 部分组成。

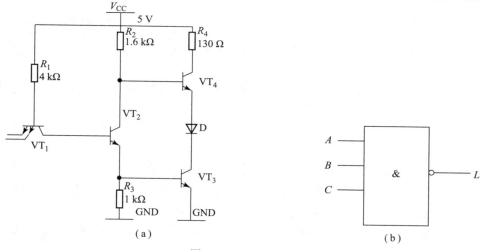

图 2.1　TTL 与非门
(a) 电路图；(b) 逻辑符号

图中输入极由多发射极三极管 VT_1 和电阻 R_1 组成。其作用为：①从逻辑功能上看，是对输入变量实现逻辑与；②提高门电路的工作速度。中间极由 VT_2、R_2 和 R_3 组成。VT_2 的集电极和发射极输出两个相位相反的信号，其作用为：使 VT_3 和 VT_4 轮流导通；输出极由 VT_3、VT_4、R_4 和 D 组成，这种形式的电路称为推拉式电路。其作用为：提高门电路的带负载能力。

灌电流负载：输出低电平时，负载电流从外电路流入与非门，被称作灌电流负载。

拉电流负载：输出高电平时，负载电流从与非门流向外电路，被称作拉电流负载。

2. TTL 与非门的技术参数

1）输入和输出的高、低电压

输出高电平　$U_{OH} \approx U_O = 3.6\text{V}$

输出低电平　$U_{OL} = U_{CES} = 0.2\text{V}$

输入低电平　$U_{IL} = 0.4\text{V}$

输入高电平　　$U_{IH} = 1.2V$

2）噪声容限

噪声容限如图 2.2 所示，其表示门电路的抗干扰能力。二值数字逻辑电路的优点在于它的输入信号允许一定的容差。

高电平噪声容限：$U_{NH} = U_{OH} - U_{IH}$；低电平噪声容限：$U_{NL} = U_{IL} - U_{OL}$

3）扇入数 N_I 与扇出数 N_O

扇入与扇出是反映门电路级联性能的指标。

扇入数 N_I：指与非门允许的输入端数目，它是在电路制造时已预先安排好了的。一般 N_I 为 2～5，最多不超过 8。实际应用中要求输入端扇入数超过 N_I 时，可通过分级实现的方法减少对扇入数的要求。

图 2.2　噪声容限

扇出数 N_O：门电路所能带负载个数，与非门输出端最多能接几个同类的与非门。扇出数取决于负载类型，通常，基本的 TTL 电路，其扇出数约为 10，而性能更好的门电路的扇出数最高可达 30～50。

一般 TTL 器件的数据手册中，并不给出系数，而需用计算或用实验的方法求得，要注意在设计时留有余地，以保证数字电路或系统能正常地运行。

4）传输延迟时间

这是一个表征门电路开关速度的参数，意味着门电路在输入脉冲波形的作用下，其输出波形相对于输入波形延迟了多长时间。

5）功耗

功耗是门电路的重要参数之一。

功耗有静态和动态之分。所谓静态功耗指的是当电路没有状态转换时的功耗，即与非门空载时电源总电流 I_{CC} 与电源电压 V_{CC} 的乘积。输出为低电平时的功耗称为空载导通功耗 P_{ON}；输出为高电平时的功耗称为截止功耗 P_{OFF}；P_{ON} 总比 P_{OFF} 大。

至于动态功耗，只发生在状态转换的瞬间，或者电路中有电容性负载时，例如 TTL 电路约有 5 pF 的输入电容，由于电容的充、放电过程，将增加电路的损耗。

对于 TTL 电路来说，静态功耗是主要的。

6）TTL 电路的封装

TTL 电路的封装及其内部结构如图 2.3 所示。

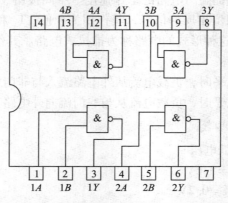

图 2.3　14 脚 TTL 电路的封装图及其内部结构

3. 其他功能的 TTL 电路

TTL 电路除了与非门外，还有与门、或门、非门、或非门、与或非门、异或门等不同功能的产品，它们的技术参数与 TTL 与非门相同。此外，还有两种计算机中用得很多的特殊门电路——集电极开路门（OC 门）和三态门（TS 门）。

这里主要介绍两种特殊门电路：集电极开路门（OC 门）及三态门（TS 门）。

1）集电极开路门（OC 门）

使用一般的 TTL 电路时，不能将两个门的输出端直接相连（称为线与），否则很可能导致晶体管的损坏。为了实现各种逻辑功能和解决实际应用的需要，TTL 系列产品中专门设计了一种输出端可以相互连接的特殊逻辑门，称为集电极开路门（简称 OC 门），如图 2.4 所示。需要指出的是，集电极开路门只有在外接负载电阻 R_L 和电源 V_{CC} 后才能正常工作。

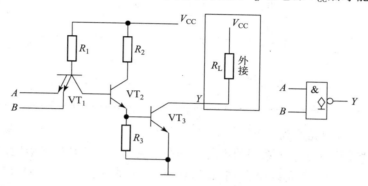

图 2.4 集电极开路门的电路结构和逻辑符号

集电极开路门在计算机中应用很广泛，可以用它实现"线与"逻辑，如图 2.5 所示，电平转换可直接驱动发光二极管、干簧继电器等。

当 OC 门中的一个 TTL 的输出为低电平，其他为高电平时，灌电流将由一个输出三极管（如 VT_1 或 VT_2）承担，这是一种极限情况，此时上拉电阻 R_P 具有限制电流的作用。输出 $L = \overline{AB}\ \overline{CD}$，实现了两个与非门输出相"与"的逻辑功能。由于这种"与"的逻辑功能并不是由与门实现的，而是由输出端引线连接实现的，故称为"线与"逻辑。

2）三态输出门（TS 门）

三态输出门简称三态门或 TS 门。它有 3 种输出状态：输出高电平、输出低电平和高阻状态，前两种状态为工作状态，后一种状态为禁止状态。值得注意的是，三态门不是指具有 3 种逻辑值。在工作状态下，三态门的输出可以

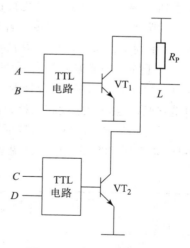

图 2.5 "线与"逻辑电路

为逻辑"1"或者逻辑"0"；在禁止状态下，其输出高阻相当于开路，表示与其他电路无关，它不是一种逻辑值。图 2.6 所示为三态输出门（TS 门）的逻辑符号。其中 CS 为片选信号输入端，A、B 为数据输入端。表 2.1 为 TS 门的真值表。

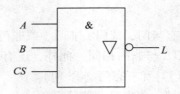

图 2.6 三态输出门的逻辑符号

表 2.1 TS 门的真值表

CS	数据输入		输出 L
	A	B	
1	0	0	1
	0	1	1
	1	0	1
	1	1	0
0	×	×	高阻

3）TTL 数字集成电路系列

54 系列和 74 系列的几个子系列的主要区别在于它们的平均传输延迟时间 t_{pd} 和平均功耗这两个参数不同。现已形成以下几种国际标准化的系列：标准系列（74）、高速系列（74H）、低功耗系列（74L）、肖特基系列（74S）、低功耗肖特基系列（74LS）、先进肖特基系列（74AS）、先进低功耗肖特基系列（74ALS）。

国际上 54/74 系列集成电路的命名规则按以下 4 部分来规定：厂家器件型号的前缀；54/74 系列号；系列规格；集成电路的功能编号。

对于同一功能编号的各系列 TTL 电路，它们的引脚排列与逻辑功能完全相同。比如，7404、74LS04、74AS04、74F04、74ALS04 等各集成电路的引脚排列与逻辑功能完全一致。但是它们在电路的速度和功耗方面存在着明显的差别。

门电路只占 54/74 系列数字集成电路中很少的一部分，它们都采用塑封双列直插封装。各种 74 系列 TTL 电路的性能见表 2.2。

表 2.2 各种 74 系列 TTL 电路的性能

性能 \ 类型	74	74H	74L	74S	74LS	74AS	74ALS
P/mW	10	22	1	19	2	22	1
t_{pd}/ns	10	6	33	3	9.5	1.5	4

2.1.2 CMOS 集成逻辑门电路

CMOS 集成逻辑门是采用互补对称 MOS 管作为开关元件的数字集成电路，简称 CMOS 电路。它具有工艺简单、集成度高、功耗低等优点，突出的优点是静态功耗低、抗干扰能力强、工作稳定性好、开关速度高、性能较好。单极型 CMOS 逻辑门电路是在 TTL 电路问世之后所开发出的第二种广泛应用的数字集成器件。从发展趋势来看，由于制造工艺的改进，CMOS 电路的性能有可能超越 TTL 而成为占主导地位的逻辑器件。CMOS 电路的工作速度可与 TTL 相比较，而它的功耗和抗干扰能力则远优于 TTL。此外，几乎所有的超大规模存储器件，以及 PLD 器件都采用 CMOS 工艺制造且费用较低。

1. CMOS 反相器

1）CMOS 反相器的电路原理

如图 2.7（a）所示为 CMOS 反相器的电路原理图，该电路由两只增强型 MOS 管组成，其中一个为 N 沟道结构，另一个为 P 沟道结构。为了电路能正常工作，要求电源电压 V_{DD} 大于两个管子的开启电压的绝对值之和，即 $V_{DD} > (U_{TN} + |U_{TP}|)$。

基本 CMOS 反相器近似于一个理想的逻辑单元，其输出电压接近于零或 $+V_{DD}$，而功耗几乎为零。因此，实现了"非"的逻辑功能，即 $Y = \bar{A}$。常用的 CMOS 反相路的（例如 CC4069）引脚排列如图 2.7（b）所示。

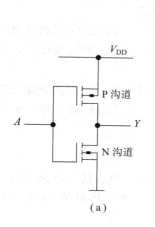
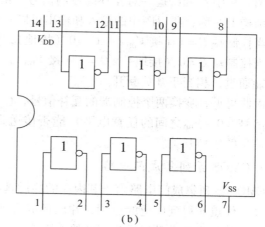

图 2.7　CMOS 反相器

（a）电路原理图；（b）引脚排列

2）CMOS 反相器的特点

静态功耗极低、抗干扰能力较强、电源利用率高、输入阻抗高、带负载能力强。

2. 其他 CMOS 电路

常见的 CMOS 电路除反相器外还包括与门、或门、非门、或非门、与或非门、异或门等不同功能的产品，它们内部电路结构不同，但逻辑功能与对应 TTL 电路相同。另外还有几种数据传输中常用的门电路。

1）CMOS 三态门

如图 2.8 所示为 CMOS 三态门的电路和逻辑符号。当 $\overline{EN} = 0$ 时，TG 导通，$Y = \bar{A}$；当 $\overline{EN} = 1$ 时，TG 截止，Y 为高阻输出。

2）CMOS 传输门

传输门是数字电路用来传输信号的一种基本单元电路，其符号如图 2.9 所示。

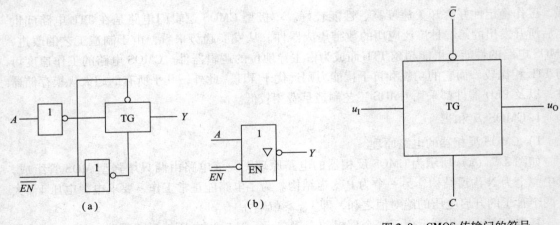

图 2.8 CMOS 三态门

（a）电路；（b）逻辑符号

图 2.9 CMOS 传输门的符号

图 2.9 中 C 和 $\bar{C}$ 是一对互补的控制信号。由于其内部两个 N 沟道和 P 沟道增强型 MOS 管在结构上对称，所以图中的输入和输出可以互换，又称双向开关。

当控制端 $C=1$（接 V_{DD}）、$\bar{C}=0$（接地），输入信号 u_I 在 $0 \sim V_{DD}$ 范围内都能通过传输门；当控制端 $C=0$（接地）、$\bar{C}=1$（接 V_{DD}），输入信号 u_I 在 $0 \sim V_{DD}$ 范围内变化时，信号 u_I 不能通过，相当于开关断开。

由此可见，变换两个控制端的互补信号，可以使传输门接通或断开，从而决定输入端的模拟信号（$0 \sim V_{DD}$ 之间的任意电平）能否传送到输出端。所以，传输门实质上是一种传输模拟信号的压控开关。

3. CMOS 系列集成门电路

CMOS 系列集成门电路由于其内在的品质具有输入电阻高、功耗低、抗干扰能力强、集成度高等优点而得到广泛的应用，并已形成系列和国际标准。在 4000/4500 系列中，分 A、B 两类，其中的 B 类已经成为市场的主流。

4000/4500 系列集成电路的命名规则由 4 部分组成：厂家器件型号前缀、系列号、集成电路的功能编号、类号。

其中厂家器件型号前缀，按每个厂家给定的命名。如：MC 表示美国 Motorola 公司制造的器件型号的前缀、CD 表示美国 RCA 公司制造的器件型号的前缀、CC 表示中国制造器件型号的前缀。

2.2 数字集成电路的应用

2.2.1 TTL 集成门电路的使用

TTL 集成门电路在使用过程中应注意以下几点：电源电压（$+V_{CC}$）应该在标准值 5V 到 5.5V 的范围内；TTL 电路的输出端所接负载不能超过规定的扇出系数；掌握 TTL 电路多余输入端的处理方法。

下面介绍各种 TTL 电路多余输入端的处理方法。

1. TTL 与非门

TTL 与非门多余输入端的 3 种处理方法如图 2.10 所示。

（1）接电源，如图 2.10（a）所示。

（2）通过一个上拉电阻接至电源正端，如图 2.10（b）所示，或接标准高电平。

（3）与其他信号输入端并接使用，如图 2.10（c）所示。

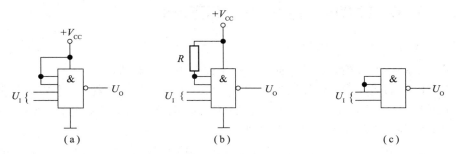

图 2.10　TTL 与非门多余输入端的处理方法

（a）接电源；（b）通过 R 接电源；（c）与其他信号输入端并联

2. TTL 或非门

TTL 或非门多余输入端的 3 种处理方法如图 2.11 所示。

（1）接地，如图 2.11（a）所示。

（2）通过一个电阻接地如图 2.11（b）所示，或接标准低电平。

（3）与其他信号输入端并接使用，如图 2.11（c）所示。

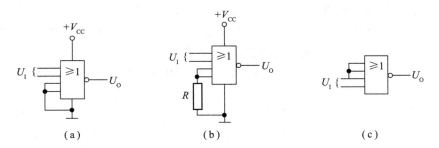

图 2.11　TTL 或非门多余输入端的处理方法

（a）接地；（b）通过 R 接地；（c）与其他信号输入端并联

2.2.2　CMOS 集成门电路的使用

TTL 电路的使用注意事项，一般对 CMOS 电路也是适用的。因 CMOS 电路的输入端是绝缘栅极，容易产生栅极击穿问题，所以还要特别注意以下几点：

（1）组装调试时，所用仪器、仪表、电路箱板等都必须可靠接地。

（2）避免静电损失。存放 CMOS 电路不能用塑料袋，CMOS 电路应在防静电材料中储存或运输。

（3）焊接时，电烙铁壳应接地，以屏蔽交流电场，最好是断电后再焊接。

（4）多余或暂时不用输入端的处理方法。CMOS 电路的输入阻抗高，易受外界干扰，所以 CMOS 电路的多余输入端不允许悬空。多余或暂时不用的输入端应按逻辑要求接电源 V_{DD}（与门、与非门）或 V_{SS}（或门、或非门），或与其他使用的输入端并联。否则不仅会造成逻辑混乱，而且容易损坏器件。

总之，对各类集成电路的操作要按有关规范进行，要认真仔细，并保护好集成电路的引脚。

2.2.3 TTL、CMOS 电路的比较及相互连接

1. TTL 和 CMOS 电路的比较

（1）TTL 电路是电流控制器件，而 CMOS 电路是电压控制器件。

（2）TTL 电路的速度快、传输延迟时间短（5～10ns），但是功耗大。CMOS 电路的速度慢、传输延迟时间长（25～50ns），但功耗低。CMOS 电路本身的功耗与输入信号的脉冲频率有关，频率越高，芯片越热，这是正常现象。

（3）CMOS 电路中高电平接近于电源电压，低电平接近于 0。而且具有很宽的噪声容限。

因为 TTL 和 CMOS 电路的电压和电流参数各不相同，所以互相连接时需要采用接口电路。一般考虑两个问题：一是要求电平匹配，即驱动门要为负载门提供符合标准的输出高电平和低电平；二是要求电流匹配，即驱动门要为负载门提供足够大的驱动电流。

2. TTL 电路驱动 CMOS 电路

当 TTL 电路驱动 CMOS 电路时，由于 CMOS 电路是电压驱动的，所需电流几乎为零，所以驱动电流不存在问题，主要看电平关系。最简单的解决方法是在 TTL 电路的输出端与电源之间接入上拉电阻 R，电路的连接如图 2.12（a）所示。

当 TTL 电路和 CMOS 电路采用不同的电源电压时，应采用集电极开路输出结构的 TTL 电路（OC 门）作为驱动门，电路的连接方法如图 2.12（b）所示。还可采用专用的 CMOS 电平转移器如（CC40109，CC4502）等完成 TTL 对 CMOS 电路的接口，电路如图 2.12（c）所示。

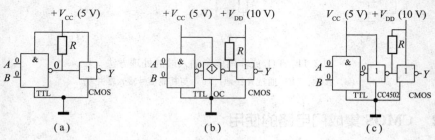

图 2.12　解决电平匹配的处理方法

当 TTL 电路驱动 74HCT 系列和 74ACT 系列的 CMOS 门电路时，因两类电路性能兼容，故可以直接相连，不需要外加元器件。

3. CMOS 电路驱动 TTL 电路

当 CMOS 电路驱动 TTL 电路时，由于 CMOS 驱动电流很小，因而对 TTL 电路的驱动能

力有限，所以主要考虑电流问题。由于 TTL 电路的 I_{IL} 较大，这就要求 CMOS 电路在 U_{OL} 时，提供较大的吸收电流。

实现 CMOS 电路驱动 TTL 电路，扩大 CMOS 电路输出低电平时带灌电流负载的能力，常用的方法有以下几种：

（1）将同一封装内的 CMOS 电路并联使用，如图 2.13 所示。

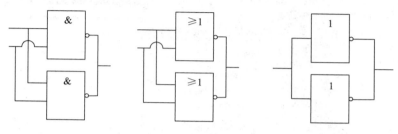

图 2.13　CMOS 电路的并联使用

（2）利用专门的 CMOS 接口电路，例如 CC4009 六反向缓冲器，其驱动电流可达 4mA。

（3）选用 CMOS 的 54HC/74HC 系列产品可以直接驱动 TTL 电路，不用作电平、电流变换。

2.3　课堂实验一：门电路逻辑功能仿真测试

2.3.1　实验目的

（1）掌握 TTL 器件的使用规则。
（2）掌握 TTL 集成门电路的逻辑功能。
（3）掌握 TTL 集成门电路的测试方法。
（4）学会门电路之间的转换，用与非门组成其他逻辑门。
（5）学会用 Multisim 软件进行数字电路的仿真实验。

2.3.2　实验设备

装有 Multisim 软件的计算机。

2.3.3　计算机仿真实验内容

1. 与非门 74LS00 的逻辑功能测试

（1）设置仿真环境。

单击"仿真（S）"菜单中的"混合模式仿真设置（M）"，如图 2.14 所示。

在打开的对话框中选中"使用真实管脚模型（仿真准确度更高 - 要求电源和数字地）（R）"，并单击"确认"按钮，如图 2.15 所示。

设置完成后，电路引脚悬空就为高电平，与真实芯片情况相同。

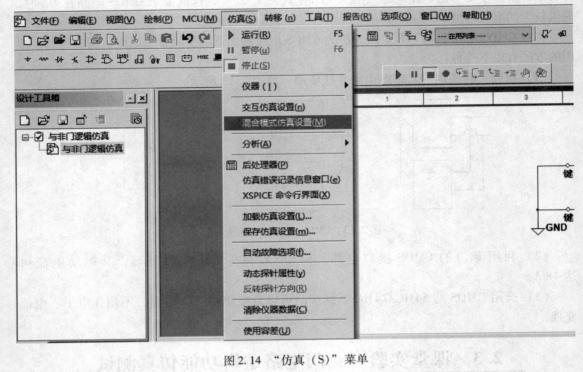

图 2.14 "仿真（S）"菜单

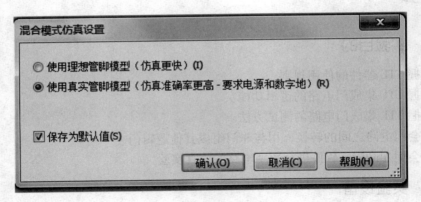

图 2.15 混合模式仿真设置

（2）打开 Multisim 软件，创建逻辑功能仿真电路。

在元器件库中选择"TTL"组，在列表中选择"74LS"系列，在元器件列表选中"74LS00D"，如图 2.16 所示。单击"确认"按钮，确认取出 74LS00D 与非门。注意在 Multisim 中芯片的引脚命名和原理部分或与其他书籍有所不同，但只要是引脚号相同，就表示同一个引脚。

（3）其他元器件可参照以下说明取用。

- S₁ 单刀开关：Basic 组—>SWITCH 系列—>SPDT 元器件
- 阈值电压：Sources 组—>PROBE 系列—>PROBE_ DIG_ BLUE 元器件

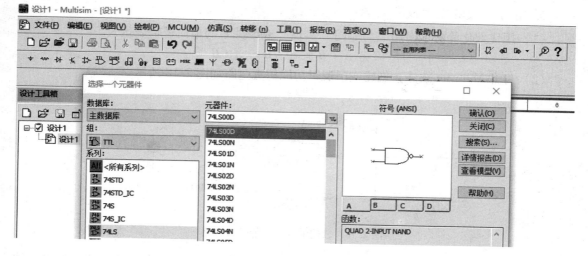

图 2.16　元器件的选取

- 地 GND：Sourses 组—> POWER 系列 – Sourses—> GROUND 元器件

（4）搭建如图 2.17 所示的电路。

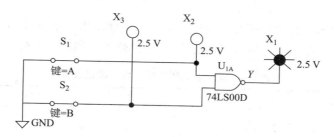

图 2.17　74LS00 的逻辑功能仿真电路

开关 S_1、S_2 的打开与闭合，对应指示灯 X_2、X_3 的亮与灭，分别代表输入高、低电平的变化，开关闭合等于在与非门输入端拉低电平一次，与非门的输出指示灯 X_1 点亮，表示输出为高电平 1；若与非门的输出指示灯 X_1 不亮，则表示输出为低电平 0，实现了与非门的逻辑功能测试。

切换开关 S_1 和 S_2，使之处于相应的输入状态，观察输出指示灯 X_1 的变化，把测试结果填入表 2.3 中（设开关 S_1、S_2 的输入状态 A、B，灯 X_1 的状态为 Y）。

表 2.3　与非门的逻辑功能仿真测试记录表

输入		输出
A	B	Y
0	0	1
0	1	1
1	0	1
1	1	0

2. 用与非门实现"或"关系

（1）用代数化简法求出用"与非门"实现"或"关系的最简逻辑表达式。

$$Z = A + B = \overline{\overline{A + B}} = \overline{\overline{A} \cdot \overline{B}}$$

（2）打开 Multisim 软件，创建或门逻辑功能仿真电路如图 2.18 所示。

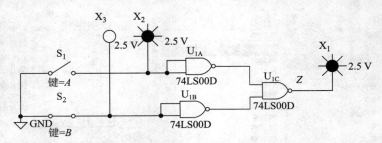

图 2.18　或门的逻辑功能仿真电路

开关 S_1、S_2 的打开与闭合，对应指示灯 X_2、X_3 的亮与灭，分别代表输入高、低电平的变化，开关闭合等价于在与非门输入端拉低电平一次，U_{1C} 与非门的输出指示灯 X_1 点亮，表示输出为高电平 1；若与非门的输出指示灯 X_1 不亮，则表示输出低为电平 0，实现了或门的逻辑功能测试。

切换开关 S_1 和 S_2，使之处于相应的输入状态，观察输出指示灯 X_1 的变化，把测试结果填入表 2.4 中（设开关 S_1、S_2 的输入状态为 A、B，灯 X_1 的状态为 Z）。

表 2.4　或门的逻辑功能仿真测试记录表

输入		输出
A	B	Z
0	0	0
0	1	1
1	0	1
1	1	1

3. 用与非门实现"与"关系

（1）用代数化简法求出用与非门实现"与"关系的最简逻辑表达式。

$$Z = A \cdot B = \overline{\overline{A \cdot B}}$$

（2）打开 Multisim 软件，创建与门逻辑功能仿真电路如图 2.19 所示。

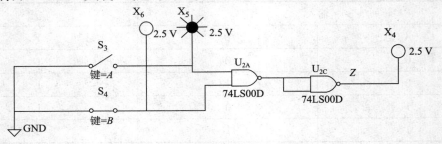

图 2.19　与门的逻辑功能仿真电路

开关 S_1、S_2 的打开与闭合，对应指示灯 X_5、X_6 的亮与灭，分别代表输入高、低电平的变化，开关闭合等价于在与非门输入端拉低电平一次，U_{2c} 与非门的输出指示灯 X_4 点亮，表示输出为高电平 1；若与非门的输出指示灯 X_4 不亮，则表示输出为低电平 0，实现了与门的逻辑功能测试。

切换开关 S_1 和 S_2，使之处于相应的输入状态，观察输出指示灯 X_4 的变化，把测试结果填入表 2.5 中（设开关 S_1、S_2 的输入状态为 A、B，灯 X_4 的状态为 Z）。

表 2.5　与门的逻辑功能仿真测试记录表

输入		输出
A	B	Z
0	0	0
0	1	0
1	0	0
1	1	1

2.4　课堂实验二：三人表决器电路的仿真测试

2.4.1　实验目的

（1）掌握 TTL 器件的使用规则。

（2）掌握 TTL 集成门电路的逻辑功能。

（3）学会三人表决器设计方法，能根据提供的表决器的电路原理图，分析工作原理，选取合适的元件并正确安装电路，验证逻辑功能。

（4）学会门电路之间的转换，用与非门组成其他逻辑门。

（5）学会用 Multisim 软件进行数字电路的仿真实验。

2.4.2　实验设备

装有 Multisim 软件的计算机。

2.4.3　实验原理

现有一种新型表决器可用于 3 个人表决一件事情或者意见，当两个或者两个以上人的意见同意时，表决通过。该表决器包括内置控制电路和外部连接的 3 个开关和一个发光二极管，当 3 个开关中的两个或 3 个同时接通时，发光二极管亮，表决通过；3 个开关中只有一个或没有开关接通时，发光二极管不亮，表决不通过。

图 2.20 所示为三人表决器仿真电路,开关 J_1、J_2、J_3 分别代表 3 个人操作的开关按钮,若同意,开关往上打表示接通电源信号,即高电平 1。若不同意,开关往下打表示接通低信号,即低电平 0。发光二极管 LED_1 作为裁判方;如果裁判方灯亮的话则表明有两个或者两个以上的人表示意见通过,即灯亮为 1;否则表示不通过,即灯不亮为 0。

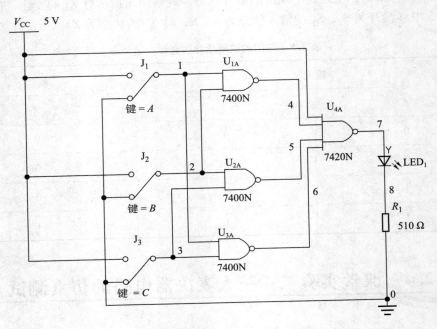

图 2.20　三人表决器仿真电路

三人表决器电路连接如图 2.20 所示。开关 J_1、J_2 和 J_3 的上端接高电平、下端接低电平。输出驱动发光二极管 LED_1 通过 510 Ω 的电阻 R_1 接地。

2.4.4　计算机仿真实验内容

1. 绘制仿真电路

(1) 打开 Multisim 软件,创建三人表决器的仿真电路。具体步骤为:打开"Select a Component"窗口,在 TTL 电路元件库中选择需要的四 2 输入与非门 7400N,调入 S_1 单刀双掷开关 Basic 组—→SWITCH 系列—→SPDT 元器件,调入电源 V_{CC}: Sourses 组—→POWER 系列 – Sourses—→V_{CC} 元器件,调入地 GND: Sourses 组—→POWER 系列 – Sourses—→GROUND 元器件,单击工具栏区的快捷分类图标:电阻和发光二极管 LED,并放置于工作区,连接电路如图 2.20 所示。

(2) 开关 J_1、J_2 和 J_3 的上端接高电平,下端接低电平。按照表 2.6 的输入组合形式实现 3 个开关的 8 种组合方式。单击仿真运行按钮,切换开关 J_1、J_2 和 J_3 的状态,使之处于相应的输入状态,观察发光二极管 LED_1 的变化,把测试结果填入表 2.6 中(设开关 J_1、J_2、J_3 的状态为 A、B、C,发光二极管 LED_1 的状态为 Y)。

表 2.6　三人表决器的仿真测试记录表

输入			输出	功能
A	B	C	Y	
0	0	0		
0	0	1		
0	1	0		
0	1	1		
1	0	0		
1	0	1		
1	1	0		
1	1	1		

2.5　用 Multisim 12 设计八路抢答器的编码电路

在数字系统中，经常需要把具有某种特定含义的信号变换成二进制代码。这个过程称为编码。实现编码功能的逻辑电路称为编码电路。

2.5.1　任务目标

（1）认识常用的集成逻辑门电路芯片，并能正确选择及使用。

（2）熟悉八路抢答器的编码电路原理，掌握组合逻辑电路的分析与设计方法。

（3）熟悉 Multisim 12 的操作环境，掌握用 Multisim 12 对八路抢答器的编码电路进行仿真的方法。

（4）掌握判断集成逻辑门电路芯片好坏的基本方法。

（5）根据提供的八路抢答器的编码电路原理图，能分析其工作原理，选取合适元件并正确安装电路，验证逻辑功能。

2.5.2　任务内容

设计一个八路抢答器的编码电路。首先设置 8 个抢答器按钮，抢答器按钮编号为 1、2、3、4、5、6、7、8，最多可容纳 8 人（八组）参赛。八路抢答器按钮抢答时，输入低电平有效。输出 4 位二进制编码。有人抢答时，电路对抢答者按钮的编号进行对应的二进制编码，无人抢答时输出 0000。

显示电路：采用 4 个灯泡。灯泡不亮即看作显示 0000，表示无抢答，电路处于准备状态，允许抢答。有人抢答时，电路对抢答者按钮的编号进行对应的二进制编码，显示 0001～1000，表示对应的抢答按钮编号 1～8，其电路原理图如图 2.21 所示。

41

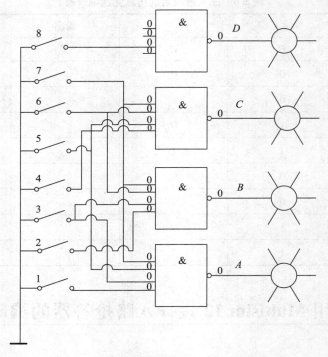

图 2.21　八路抢答器编码电路的原理图

工作原理：若选择键 1 接低电平，其他均为高电平，则数据传送到输出端后，即为键 1 编码；即当键 1 输入为低电平时，输出端 A 为 1，显示灯亮，输出对应的 4 位二进制编码为 0001。若选择键 2 接低电平，其他均为高电平，则数据传送到输出端后，即为键 2 编码；即当键 2 输入为低电平时，输出端 B 为 1，显示灯亮，输出对应的 4 位二进制编码为 0010，其余类推。

2.5.3　材料设备

（1）装有 Multisim 12 软件的计算机。

（2）数字万用表。

（3）数字电路实验箱。

（4）两个 74LS20 四输入与非门电路、开关 8 个、灯若干、1 个逻辑分析仪。

2.5.4　仿真测试

（1）连接电路，用 Multisim 12 进行仿真，仿真电路如图 2.22 所示。

（2）单击仿真运行按钮，按钮编号 1~8 分别代表开关 S_1~S_8。例如，图 2.22 中当开关 S_1 按下（开关 S_1~S_8 的打开与闭合，对应指示灯 X_1~X_8 的亮与灭，分别代表输入高、低电平的变化），表明 1 号选手抢答，这个时候选择键 1 的信号传到输出端，即 A 灯点亮，输出端的 4 位二进制编码为 0001。当 S_2 按下，表明 2 号选手抢答，这个时候选择键 2 的信号传送到输出端，即 B 灯点亮，输出端的 4 位二进制编码为 0010。其余以此类推，切换

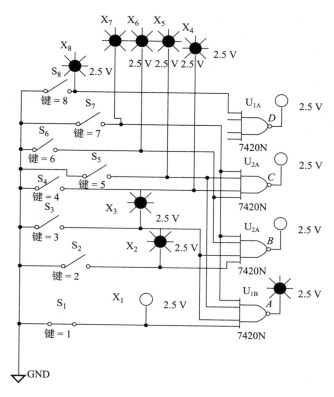

图 2.22　八路抢答器的仿真电路

开关 $S_1 \sim S_8$，使之处于相应的抢答状态，观察灯 A、B、C、D 的变化情况，仿真结果如表 2.7 所示。

表 2.7　八路抢答器编码电路的真值表

输入（键）	输出（灯）				4 位二进制码
	D	C	B	A	
0	0	0	0	0	0000
1	0	0	0	1	0001
2	0	0	1	0	0010
3	0	0	1	1	0011
4	0	1	0	0	0100
5	0	1	0	1	0101
6	0	1	1	0	0110
7	0	1	1	1	0111
8	1	0	0	0	1000

2.5.5 任务步骤

与非门 74LS20 两片、开关 8 个、灯若干。

1.74LS20 的内部结构

74LS20 的内部结构如图 2.23 所示，内含两组四与非门，用引脚序号表示，则有：第 1 组：$6 = \overline{1 \cdot 2 \cdot 4 \cdot 5}$；第 2 组：$8 = \overline{9 \cdot 10 \cdot 12 \cdot 13}$。

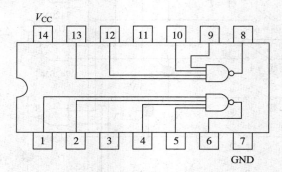

图 2.23　74LS20 的内部结构

2. 电路安装

在安装前对所用器件进行检测，对所用到的与非门要进行基本的逻辑功能测试。保证器件的完好，可以减少因器件不良带来的各种麻烦。

按原理图在数字电路实验箱上连接好全部器件。检查无误后，接通电源（ +5V）和地，按钮 1~8 接逻辑电平开关，输出接逻辑电平显示器。接通电源，进行测试，并将对应的结果填入表 2.8 中。

表 2.8　八路抢答器编码数据记录表

输入（键）	输出（灯）				4 位二进制码
	D	C	B	A	
1					
2					
3					
4					
5					
6					
7					
8					

2.5.6 任务总结

（1）硬件制作实物完成情况，演示设计与调试的结果。

（2）设计方案与实验报告。

（3）叙述如何用最简单的方法验证与非门的逻辑功能是否完好。

（4）叙述如何用同样的方法创建一个四选一信号编码电路。

项目小结

（1）目前普遍使用的数字集成电路主要有两大类，TTL 电路和 MOS 电路。

（2）简单介绍 TTL 和 CMOS 各个系列产品的外部电气特性及主要参数。

（3）在了解原理的基础上能够正确的选择和使用各种数字集成电路。

（4）TTL 和 CMOS 集成门电路之间的连接问题，以及常见组合逻辑电路、编码电路的设计等。

思考与习题

2-1　为什么要用 OC 门？OC 门的工作条件是什么？OC 门有何应用？

2-2　如何最简单的方法验证与非门的逻辑功能是否完好？

2-3　当需要把与非门当作非门用时，应如何处理？当需要把或非门当作非门用时，应如何处理？

2-4　用与非门组成或非门，并仿真测试它们的逻辑功能。

2-5　比较 TTL 电路和 CMOS 电路的优缺点。

2-6　由 TTL 电路构成的逻辑图如图 2.24 所示，试写出其输出 Y 的表达式。

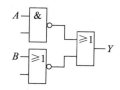

图 2.24　题 2-6 用图

2-7　由 TTL 电路和 CMOS 电路构成的逻辑图如图 2.25 所示，试写出其表达式或逻辑值。

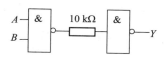

图 2.25　题 2-7 用图

2-8　为什么说 TTL 与非门输入端在以下 3 种接法时，在逻辑上都属于输入为 0？

（1）输入端接地。

（2）输入端接低于 0.8V 的电源。

（3）输入端接同类与非门输入的低电平（0.4V）。

2-9　在挑选 TTL 电路时，都希望选用输入低电平电流比较小的与非门，为什么？

2-10 对于 TTL 与非门，多余输入端的处理方法通常是（　　）。

A. 与有用的输入端并联　　　　　　　B. 通过 3kΩ 电阻接电源

C. 接电源正极　　　　　　　　　　　D. 接电源负极

2-11 对于 CMOS 或门、或非门电路多余输入端通常如何处理？

2-12 三态门输出的 3 种可能状态是什么？

2-13 OC 门称为（　　）门，多个 OC 门输出端并联在一起可实现（　　）功能。

2-14 某 TTL 与非门的 3 个输入分别为 A、B、C，现只需要 A、B 两个，C 不用，则下面对 C 的处理哪个不正确（　　）？

A. 与输入 A 并联　　B. 与输入 B 并联　　C. 接逻辑"0"　　　　D. 接逻辑"1"

项目三

数码显示电路的设计

项目摘要

数码显示电路广泛应用在社会生活的各个方面，例如交通信号灯的延时时间显示、各种电子钟表以及计数显示的应用等。八路抢答器的数码显示电路包括抢答电路的编码电路和数码管的译码电路。实现的方式包括使用与非门电路和中规模集成电路两种方法，在本项目中这两种方法均有涉及。这个项目的任务是学习组合逻辑电路的设计，包括与非门电路的设计和中规模集成电路的组合逻辑电路的设计。项目的目标是自主设计一个数码显示电路。

学习目标

- 掌握组合逻辑电路的分析方法；
- 掌握使用与非门集成电路 74LS00 设计组合逻辑电路的方法；
- 掌握译码器、数据选择器、加法器等中规模集成电路的扩展方式，并使用其设计组合逻辑电路。

3.1　使用与非门的组合逻辑电路

根据项目一中介绍的反演律定理，任何逻辑函数均能化为与非 – 与非形式，即使用的器件均为与非门，本节主要介绍使用二输入与非门的设计方法，用到的器件为 74LS00；包括组合逻辑电路的分析和设计两部分。

3.1.1　组合逻辑电路的分析

所谓组合逻辑电路的分析，就是根据给定的逻辑电路图，确定其逻辑功能，即求出描述该电路的逻辑功能的函数表达式或者真值表。分析步骤为：

（1）根据给定电路图，写出逻辑函数表达式。

（2）简化逻辑函数或者列真值表。

（3）根据最简逻辑函数或真值表，描述电路的逻辑功能。

如图 2.1 所示为组合逻辑电路的分析过程。

图 3.1　组合逻辑电路的分析过程

下面以一个例子具体说明电路的分析过程。

【例 3.1】　分析图 3.2 所示的逻辑电路。

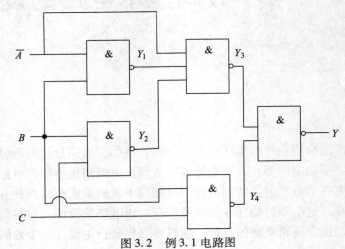

图 3.2　例 3.1 电路图

解：（1）逐级写出表达式。

$$Y_1 = \overline{\overline{A}B}, Y_2 = \overline{BC}, Y_3 = \overline{\overline{A}Y_1Y_2} = \overline{\overline{A} \cdot \overline{\overline{A}B} \cdot \overline{BC}},$$

$$Y_4 = \overline{BC}, Y = \overline{Y_3Y_4} = \overline{\overline{A} \cdot \overline{\overline{A}B} \cdot \overline{BC} \cdot \overline{BC}}$$

（2）化简得到最简与或式。

$$Y = \overline{\overline{\overline{A} \cdot \overline{\overline{A}B} \cdot \overline{BC}} \cdot \overline{BC}} = \overline{\overline{A} \cdot \overline{\overline{A}B} \cdot \overline{BC}} + BC = \overline{A}(A + \overline{B})(\overline{B} + \overline{C}) + BC$$

$$= \overline{A} \cdot \overline{B}(\overline{B} + \overline{C}) + BC = \overline{A} \cdot \overline{B} + \overline{A} \cdot \overline{B} \cdot \overline{C} + BC = \overline{A} \cdot \overline{B}(1 + \overline{C}) + BC = \overline{A} \cdot \overline{B} + BC$$

（3）列真值表（见表 3.1）。

表 3.1　例 3.1 真值表

A	B	C	Y
0	0	0	1
0	0	1	1
0	1	0	0
0	1	1	1

续表

A	B	C	Y
1	0	0	0
1	0	1	0
1	1	0	0
1	1	1	1

（4）叙述逻辑功能。

当 $A = B = 0$ 时，$Y = 1$；当 $B = C = 1$ 时，$Y = 1$。

3.1.2　组合逻辑电路的设计

组合逻辑电路的设计是分析过程的反过程，即先根据命题要求写出逻辑函数的真值表，根据真值表再写出逻辑函数的最小项表达式，当使用中规模集成电路设计电路时，不需化简，这些在后面会详细介绍。当使用与非门设计电路时，需要将最小项表达式化简，再利用反演律化为二输入的与非门电路。下面通过例子来具体学习其设计过程。

【例 3.2】　试使用二输入与非门设计一个三人表决器，有一个主裁判，当主裁判同意且最少两人同意时表决通过。

解：根据题目要求，设 3 位裁判为 A、B、C，其中 A 为主裁判，同意设为"1"，不同意为"0"，则可得函数的真值表（见表 3.2）。

表 3.2　三人表决器真值表

A	B	C	Y
0	0	0	0
0	0	1	0
0	1	0	0
0	1	1	0
1	0	0	0
1	0	1	1
1	1	0	1
1	1	1	1

由真值表可得组合逻辑函数为：$Y = A\bar{B}C + AB\bar{C} + ABC$。化简得：$Y = AC + AB$。

通过化简后的式子可以知道，要实现这个逻辑，电路需要两个二输入与门和一个二输入或门。其电路图如图 3.3 所示。

而当只有二输入与非门时，使用反演律化为二输入与非 – 与非形式：

$$Y = \overline{\overline{AC + AB}} = \overline{\overline{AC} \cdot \overline{AB}}$$

可见，其逻辑电路需要 3 个二输入与非门，逻辑电路如图 3.4 所示。

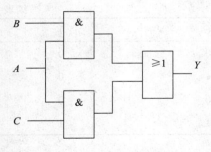

图 3.3　三人表决器原理图（1）

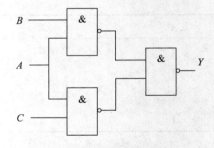

图 3.4　三人表决器逻辑原理图（2）

3.2　中规模集成电路的应用

现实生活里人们在实际的工程应用中遇到的问题不胜枚举，所需要设计的组合逻辑电路也是种类繁多，但是有一些逻辑电路在实际中却经常出现，本节主要学习 8 线 – 3 线优先编码器 74HC148、3 线 – 8 线译码器 74LS138、8 路数据选择器 74LS151 以及加法器、比较器等几种常用的中规模集成电路，并重点介绍使用中规模集成电路设计组合逻辑电路的方法以及其扩展方式。

3.2.1　编码器

将不同的事物使用不同的二进制数字表示的过程称为编码。具有编码功能的电路称为编码电路，相应的电子芯片称为编码器，根据被编对象的不同特点和编码要求，有各种不同的编码器。

若输入信号的个数 N 与输出变量的位数 n 满足 $N = 2^n$，则此电路称为二进制编码器。常用的二进制编码器有 4 线 – 2 线、8 线 – 3 线和 16 线 – 4 线等。表 3.3 为二进制编码器的真值表。表中 $I_0 \sim I_7$ 表示输入信号，A_2、A_1、A_0 表示输出信号。任何时刻只对其中一个输入信号进行编码，即输入的信号互相是排斥的。假设输入高电平有效，则任何时刻只允许一个端子为 1，其余均为 0。

表 3.3　二进制编码器的真值表

输入								输出		
I_0	I_1	I_2	I_3	I_4	I_5	I_6	I_7	A_2	A_1	A_0
1	0	0	0	0	0	0	0	0	0	0
0	1	0	0	0	0	0	0	0	0	1
0	0	1	0	0	0	0	0	0	1	0
0	0	0	1	0	0	0	0	0	1	1
0	0	0	0	1	0	0	0	1	0	0
0	0	0	0	0	1	0	0	1	0	1
0	0	0	0	0	0	1	0	1	1	0
0	0	0	0	0	0	0	1	1	1	1

由真值表写出各输出的逻辑表达式为：

$$A_2 = I_4 + I_5 + I_6 + I_7 = \overline{\overline{I_4}\,\overline{I_5}\,\overline{I_6}\,\overline{I_7}}$$

$$A_1 = I_2 + I_3 + I_6 + I_7 = \overline{\overline{I_2}\,\overline{I_3}\,\overline{I_6}\,\overline{I_7}}$$

$$A_0 = I_1 + I_3 + I_5 + I_7 = \overline{\overline{I_1}\,\overline{I_3}\,\overline{I_5}\,\overline{I_7}}$$

从真值表可以看出普通编码器某一时刻只允许一个有效输入信号，若同时有两个或两个以上输入信号要求编码时，输出端就会出现错误。而实际的数字设备中经常出现多输入情况，比如，在计算机系统中，可能有多台输入设备同时向主机发出中断请求，而主机只能接受其中一个输入信号。因此，需要根据事情的轻重缓急规定好先后顺序，约定好优先级别。常用的集成 8 线 - 3 线优先编码器型号为 54/74148、54/74LS148，主要介绍 74LS148 优先编码器。

74LS148 优先编码器的真值表见表 3.4。

表 3.4　74LS148 优先编码器的真值表

输入								输出				
$\overline{ST}$	$\overline{I_7}$	$\overline{I_6}$	$\overline{I_5}$	$\overline{I_4}$	$\overline{I_3}$	$\overline{I_2}$	$\overline{I_1}$	$\overline{I_0}$	$\overline{Y_2}$	$\overline{Y_1}$	$\overline{Y_0}$	$\overline{Y_{EX}}$	$\overline{Y_S}$
1	×	×	×	×	×	×	×	×	1	1	1	1	1
0	1	1	1	1	1	1	1	1	1	1	1	1	0
0	0	×	×	×	×	×	×	×	0	0	0	0	1
0	1	0	×	×	×	×	×	×	0	0	1	0	1
0	1	1	0	×	×	×	×	×	0	1	0	0	1
0	1	1	1	0	×	×	×	×	0	1	1	0	1
0	1	1	1	1	0	×	×	×	1	0	0	0	1
0	1	1	1	1	1	0	×	×	1	0	1	0	1
0	1	1	1	1	1	1	0	×	1	1	0	0	1
0	1	1	1	1	1	1	1	0	1	1	1	0	1

通过真值表可以看到，74LS148 是将 8 路输入中输入为 0 的路所对应输入端的序号编码为 4 位二进制数，所谓的"优先"指的是如果有不止一路数据为 0，则将高位编码。图 3.5 是 74LS148 优先编码器的引脚排列和逻辑符号。$\overline{I_0} \sim \overline{I_7}$ 是编码器的输入端，$\overline{Y_2}$、$\overline{Y_1}$、$\overline{Y_0}$ 是编码器的输出端，输入、输出都是低电平有效，输出为反码，$\overline{ST}$ 是使能端，$\overline{Y_{EX}}$、$\overline{Y_S}$ 是用于扩展功

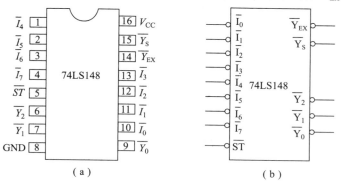

图 3.5　74LS148 引脚排列及逻辑符号
（a）引脚排列；（b）逻辑符号

能的输出端。$\overline{ST}$ 为使能输入端，只有 $\overline{ST}=0$ 时，编码器工作。$\overline{ST}=1$ 时，编码器不工作，输出 $\overline{Y}_2\overline{Y}_1\overline{Y}_0=111$。8 个输入信号 $\overline{I}_0\sim\overline{I}_7$ 中，$\overline{I}_7$ 的优先级别最高，$\overline{I}_0$ 的优先级别最低。即只要 $\overline{I}_7=0$，不管其他输入端是 0 还是 1（表中以 × 表示），输出只对 $\overline{I}_7$ 编码，且对应的输出为反码有效，$\overline{Y}_2\overline{Y}_1\overline{Y}_0=000$。若当 $\overline{I}_7=1$、$\overline{I}_6=0$，其他输入为任意状态时，只对 $\overline{I}_6$ 进行编码，输出 $\overline{Y}_2\overline{Y}_1\overline{Y}_0=001$。$\overline{Y}_S$ 为使能输出端。当 $\overline{ST}=0$ 允许工作时，如果 $\overline{I}_0\sim\overline{I}_7$ 端有信号输入，$\overline{Y}_S=1$；若输入端无信号输入，$\overline{Y}_S=0$。$\overline{Y}_{EX}$ 为扩展输出端，当 $\overline{ST}=0$ 时，只要有编码信号，$\overline{Y}_{EX}$ 就是低电平，表示本机工作，且有编码输入。

3.2.2 译码器

本节学习两种译码器，一种为 3 线 – 8 线译码器 74LS138，一种为与数码管配套使用的译码器 74LS48。

1. 74LS138 译码器

3 线 – 8 线译码器 74LS138，其工作原理其实就是上节学过的编码器的反过程，即将 3 位的地址信号再转化为对应的输入端的十进制序号并以低电平输出。学习 74LS138 主要是掌握其扩展和应用。图 3.6 为 74LS138 的引脚排列。74LS138 为 3 线 – 8 线译码器，共有 54/74S138 和 54/74LS138 两种线路结构型式，本书中介绍的是 74LS138，但是学习完 74S138 后可以很快地掌握 54LS138。图 3.6 中，A_0、A_1、A_2 为地址端，

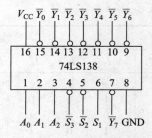

图 3.6　74LS138 的引脚排列

S_1、$\overline{S}_2$、$\overline{S}_3$ 为使能端，其中 S_1 为高电平，其余两个为低电平有效。表 3.5 为其真值表。

表 3.5　74LS138 的真值表

输入					输出							
S_1	$\overline{S}_2+\overline{S}_3$	A_2	A_1	A_0	$\overline{Y}_0$	$\overline{Y}_1$	$\overline{Y}_2$	$\overline{Y}_3$	$\overline{Y}_4$	$\overline{Y}_5$	$\overline{Y}_6$	$\overline{Y}_7$
0	×	×	×	×	1	1	1	1	1	1	1	1
×	1	×	×	×	1	1	1	1	1	1	1	1
1	0	0	0	0	0	1	1	1	1	1	1	1
1	0	0	0	1	1	0	1	1	1	1	1	1
1	0	0	1	0	1	1	0	1	1	1	1	1
1	0	0	1	1	1	1	1	0	1	1	1	1
1	0	1	0	0	1	1	1	1	0	1	1	1
1	0	1	0	1	1	1	1	1	1	0	1	1
1	0	1	1	0	1	1	1	1	1	1	0	1
1	0	1	1	1	1	1	1	1	1	1	1	0

由表可以看出其工作原理：

当一个选通端 S_1 为高电平，另两个选通端 $\overline{S}_2$ 和 $\overline{S}_3$ 为低电平时，可将地址端 A_0、A_1、A_2

的二进制编码在一个对应的输出端以低电平输出。其输出的逻辑函数表达式见式（3-1）。

$$
\begin{cases}
\overline{Y_0} = \overline{\overline{A_2}\,\overline{A_1}\,\overline{A_0}} = \overline{m_0} & \overline{Y_1} = \overline{\overline{A_2}\,\overline{A_1}A_0} = \overline{m_1} \\
\overline{Y_2} = \overline{\overline{A_2}A_1\overline{A_0}} = \overline{m_2} & \overline{Y_3} = \overline{\overline{A_2}A_1A_0} = \overline{m_3} \\
\overline{Y_4} = \overline{A_2\overline{A_1}\,\overline{A_0}} = \overline{m_4} & \overline{Y_5} = \overline{A_2\overline{A_1}A_0} = \overline{m_5} \\
\overline{Y_6} = \overline{A_2A_1\overline{A_0}} = \overline{m_6} & \overline{Y_7} = \overline{A_2A_1A_0} = \overline{m_7}
\end{cases}
\tag{3-1}
$$

从 74LS138 的逻辑函数表达式可以看出，其各个输出端输出的值为地址端的最小项的取反。

利用 S_1、$\overline{S_2}$、$\overline{S_3}$ 可扩展成 16 线译码器；若外接一个反相器还可级联扩展成 32 线译码器。若将选通端中的一个作为数据输入端时，还可作为数据分配器。下面通过例题 3.3 来具体说明 74LS138 的扩展过程。

【例 3.3】　试用两片 3 线-8 线译码器 74LS138 组成 4 线-16 线译码器，将输入的 4 位二进制代码译成 16 个独立的低电平信号。

解：由图 3.6 可见，74LS138 仅有 3 个地址输入端。如果想输入 4 位二进制代码，只能利用一个附加控制端（S_1、$\overline{S_2}$、$\overline{S_3}$ 当中的一个）作为第 4 个地址输入端。

将两片 74LS138 的 3 个地址输入端 A_2、A_1、A_0 分别相连，作为新的译码器的地址端 D_2、D_1、D_0，将第一片的 $\overline{S_2}$ 和 $\overline{S_3}$ 与第二片的 S_1 相连作为新的 D_3，其余控制端接有效电平。当输入 $D_3 = 0$ 时，第一片 74LS138 工作，将 $D_3D_2D_1D_0$ 对应的 0000 ~ 0111 这 8 个二进制代码分别译为 $Z_0 \sim Z_7$ 这 8 个低电平信号；当 $D_3 = 1$ 时，第二片 74LS138 工作，将 $D_3D_2D_1D_0$ 对应的 1000 ~ 1111 这 8 个二进制代码分别译为 $Z_8 \sim Z_{15}$ 这 8 个低电平信号，从而实现 4 线-16 线译码电路的功能。式（3-2）、（3-3）为扩展过程的原理式。

$$
\begin{cases}
\overline{Z_0} = \overline{\overline{D_3}\,\overline{D_2}\,\overline{D_1}\,\overline{D_0}} \\
\overline{Z_1} = \overline{\overline{D_3}\,\overline{D_2}\,\overline{D_1}D_0} \\
\vdots \\
\overline{Z_7} = \overline{\overline{D_3}D_2D_1D_0}
\end{cases}
\tag{3-2}
$$

$$
\begin{cases}
\overline{Z_8} = \overline{D_3\overline{D_2}\,\overline{D_1}\,\overline{D_0}} \\
\overline{Z_9} = \overline{D_3\overline{D_2}\,\overline{D_1}D_0} \\
\vdots \\
\overline{Z_{15}} = \overline{D_3D_2D_1D_0}
\end{cases}
\tag{3-3}
$$

式（3-2）表明当第一片 74LS138 工作时，第二片 74LS138 禁止，将 0000 ~ 0111 这 8 个代码译成 8 个低电平信号。而式（3-3）表明，当第二片 74LS138 工作时，第一片 74LS138 禁止，将 1000 ~ 1111 这 8 个代码译成 8 个低电平信号。这样就用两个 3 线-8 线译码器扩展成一个 4 线-16 线的译码器了。原理图如图 3.7 所示。

译码器的另一功能是可实现组合逻辑函数，从式（3-1）可以看出，8 个输出端输出的是地址端对应输入信号的最小项，则将相应的输出通过逻辑处理就可以得到与地址端相同输入的逻辑函数，具体设计过程通过例 3.4 来学习。

【例 3.4】　设计一个设备故障监测器，用红、黄、绿 3 个指示灯表示 3 台设备的工作情

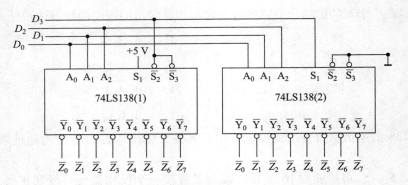

图 3.7　用两片 74LS138 接成的 4 线 – 16 线译码器

况，绿灯亮表示全部正常；红灯亮表示有一台不正常；黄灯亮表示两台不正常；红、黄灯全亮表示 3 台都不正常。列出控制电路的真值表，并用 74LS138 来实现。

解：（1）根据题意，列出真值表。

由题意可知，令输入为 A、B、C，表示 3 台设备的工作情况，"1"表示正常，"0"表示不正常，令输出为 R、Y、G，表示红、黄、绿 3 个指示灯的状态，"1"表示亮，"0"表示灭，列出真值表（见表 3.6）。

表 3.6　设备故障监测器真值表

A	B	C	R	Y	G
0	0	0	1	1	0
0	0	1	0	1	0
0	1	0	0	1	0
0	1	1	1	0	0
1	0	0	0	1	0
1	0	1	1	0	0
1	1	0	1	0	0
1	1	1	0	0	1

（2）由真值表列出逻辑函数表达式。

$$R(A,B,C) = \sum m(0,3,5,6), Y(A,B,C) = \sum m(0,1,2,4), G(A,B,C) = m_7。$$

（3）根据逻辑函数表达式，画出逻辑电路图如图 3.8 所示。

2. BCD – 七段译码器 74LS48

74LS48 译码器是配合七段数码管使用的译码电路。在学习它之前，先来认识一下显示电路的主要器件——七段数码管。

1）LED 七段数码管

LED 数码管是目前最常用的数字显示器，如图 3.9（a）和图 3.9（b）所示为共阴极数码管和共阳极数码管的电路。一个 LED 数码管可用来显示一位 0～9 十进制数和一个小数

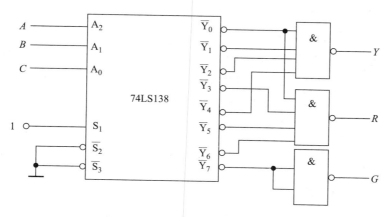

图 3.8　设备故障监测器的电路图

点。小型数码管（0.5 寸[①]和 0.36 寸）每段发光二极管的正向压降随显示光的颜色（通常为红、绿、黄、橙）不同略有差别，通常为 2 ~ 2.5V，每个发光二极管的点亮电流在 5 ~ 10mA。图 3.9（c）为 BS12.7 七段数码管的引脚排列；注意：BS12.7 管的两个 COM 引脚中至少要有一个接公共地（GND）。

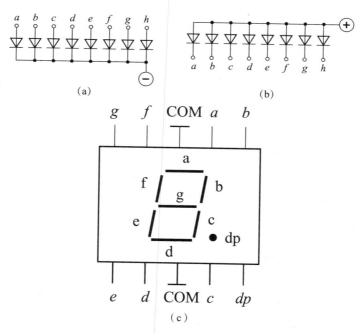

图 3.9　LED 七段数码管

（a）共阴极连接（"1"电平驱动）；（b）共阳极连接（"0"电平驱动）；（c）BS12.7 的引脚排列

在实验环境中，因 74LS48 输出短路电流 I_S 很小（74LS48 为 4mA），可将数码管的 $a \sim g$ 直接与 74LS48 的 $a \sim g$ 端直接相连。

---

① 1 寸 = 0.033 m。

2）BCD – 七段译码器

LED 数码管要显示 BCD 码所表示的十进制数字需要有一个专门的译码器，该译码器不但要完成译码功能，还要有相当的驱动能力。BCD – 七段译码器（共阴）74LS48 的引脚排列如图 3.10 所示，它可直接驱动一位 LED 七段共阴极数码管。由 74LS48 构成的译码显示电路如图 3.11 所示。

图 3.10　74LS48 的引脚排列

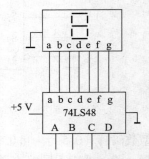

图 3.11　译码显示电路

74LS48 各个引脚功能为：

（1）$DCBA$ 为编码输入端（BCD 码）。

（2）$a \sim g$ 为译码输出端，高电平有效，$a \sim g$ 分别对应 LED 数码管的 $a \sim g$ 段。

（3）$\overline{LT}$：灯测试输入端。当 $\overline{LT} = 0$ 时，$a \sim g$ 均为 1，数码管七段同时点亮，以检查数码管各段能否正常发光。

（4）$\overline{BI}$：灭灯输入端。若 $\overline{BI} = 0$，则 $a \sim g$ 均为 0。$\overline{BI}$ 优先于 $\overline{LT}$。

（5）$\overline{RBI}$：灭 0 输入端。若输入 $DCBA = 0000$，且 $\overline{RBI} = 0$，则 $a \sim g$ 均为 0，即数码管不显示 0。若输入其他代码，则正常输出。$\overline{RBI}$ 可以用来熄灭不希望显示的零。如 0013.23000，显然前两个零和后 3 个零均无效，则可用 $\overline{RBI}$ 使之熄灭。

（6）$\overline{RBO}$：灭零输出端，该端与 $\overline{BI}$ 共用一个引脚。$\overline{RBO} = \overline{LT} \cdot \overline{D} \cdot \overline{C} \cdot \overline{B} \cdot \overline{A} \cdot \overline{RBI}$，当 $\overline{LT} = 1, \overline{RBI} = 0$，且 $DCBA = 0000$ 时，则 $\overline{RBO} = 0$。

3.2.3　数据选择器

1. 数据选择器的定义及功能

数据选择是指经过选择，把多个通道的数据传送到唯一的公共数据通道上去，实现数据选择功能的逻辑电路称为数据选择器。它的作用相当于多个输入的单刀多掷开关。下面以八选一数据选择器为例，说明其工作原理及基本功能。数据选择器的原理是：为了对 8 个数据源进行选择，使用 3 位地址码 A_2、A_1、A_0 产生 8 个地址信号。由 $A_2A_1A_0$ 等于 000、001、010、011、100、101、110、111 分别控制 8 个与门的开和闭。当接通的时候，输出哪一路由输入地址码对应的十进制数来决定。显然，任何时候 $A_2A_1A_0$ 只有一种可能的取值，所以只有一个与门打开，使对应的那一路数据通过，送达输出 Q 端。输入使能端 $\overline{S}$ 是低电平有效，当 $\overline{S} = 1$ 时，所有与门都被封锁，无论地址码是什么，输出 Q 总是等于 0；当 $\overline{Q} = 0$ 时封锁解除，由地址码决定哪一个与门打开。

应用同样的原理可以构成更多输入通道的数据选择器。被选数据源越多，所需地址码的位数也越多，若地址输入端为 n，可选输入通道数为 2^n。

八选一数据选择器集成电路 74LS151 的引脚排列如图 3.12 所示，功能表见表 3.7。

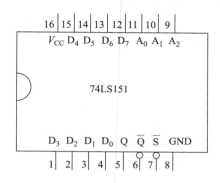

图 3.12　74LS151 的引脚排列

表 3.7　74LS151 的功能表

输入				输出
控制端	地址端			
$\overline{S}$	A_2	A_1	A_0	Y
1	×	×	×	高电阻状态
0	0	0	0	D_0
0	0	0	1	D_1
0	0	1	0	D_2
0	0	1	1	D_3
0	1	0	0	D_4
0	1	0	1	D_5
0	1	1	0	D_6
0	1	1	1	D_7

由引脚排列及功能表可知 $\overline{S}$ 为使能端，低电平有效。

使能端 $\overline{S}=1$ 时，不论 $A_2 \sim A_0$ 状态如何，均无输出（$Q=0$），多路开关被禁止。

使能端 $\overline{S}=0$ 时，多路开关正常工作，根据地址码 A_2、A_1、A_0 的状态选择 $D_0 \sim D_7$ 中某一个通道的数据输送到输出端 Q。

如：$A_2A_1A_0=000$，则选择 D_0 数据输送到输出端，即 $Q=D_0$。

如：$A_2A_1A_0=001$，则选择 D_1 数据输送到输出端，即 $Q=D_1$，其余类推。

上面所讨论的是一位数据输出的数据选择器，如需要选择多位数据，可由几个一位数据选择器并联组成，即将它们的使能端连在一起，相应的选择输入端连在一起。两位八选一数据选择器的连接如图 3.13 所示。当需要进一步扩充位数时，只需相应地增加器件的数目即可。

可以把数据选择器的使能端作为地址选择输入，将两片 74LS151 连接成一个十六选一的数据选择器，其连接方式如图 3.13 所示。十六选一的数据选择器的地址选择输入有 4 位，

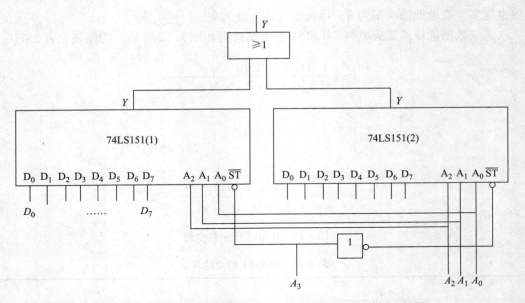

图 3.13　将两位八选一数据选择器连接成十六选一数据选择器

其最高位 A_3 与一个八选一数据选择器的使能端连接，经过一反相器反相后与另一个数据选择器的使能端连接。低 3 位的地址选择输入端 A_2、A_1、A_0 由两片 74LS151 的地址选择输入端相对应连接而成。

2. 数据选择器的应用

数据选择器除实现有选择的传送数据外，还有其他用途，下面介绍几种典型应用。

1）逻辑函数产生器

当 74LS151 的使能端 $\overline{S}=0$ 时，Q 是 A_0、A_1、A_2 和相应输入数据 $D_0 \sim D_7$ 的与或函数，它的表达式可以写成：

$$Q = \overline{A}_2 \overline{A}_1 \overline{A}_0 D_0 + \overline{A}_2 \overline{A}_1 A_0 D_1 + \overline{A}_2 A_1 \overline{A}_0 D_2 + \overline{A}_2 A_1 A_0 D_3 + A_2 \overline{A}_1 \overline{A}_0 D_4$$
$$+ A_2 \overline{A}_1 A_0 D_5 + A_2 A_1 \overline{A}_0 D_6 + A_2 A_1 A_0 D_7 \tag{3-4}$$

显然，当 $D_i = 1$ 时，其对应的最小项在与或表达式中出现，当 $D_i = 0$ 时，对应的最小项就不出现。利用这一点，不难实现组合逻辑函数。

已知逻辑函数，利用数据选择器构成函数产生器的过程是：将函数变换成最小项表达式，根据最小项表达式确定各数据输入端的二元常量。将数据选择器的地址信号 A_2、A_1、A_0 作为函数的输入变量，数据输入 $D_0 \sim D_7$ 作为控制信号，控制各最小项在输出逻辑函数中的出现，使能端 $\overline{S}$ 始终保持低电平，这样八选一数据选择器就成为了一个 3 变量的函数产生器。下面举例说明。

【例 3.5】　试用八选一数据选择器 74LS151 产生逻辑函数。

解：把式（3-4）变换成最小项表达式为：

$$F = A\overline{B} + \overline{A}C + B\overline{C} = A\overline{B}\overline{C} + A\overline{B}C + \overline{A}BC + \overline{A}B\overline{C} + AB\overline{C} + \overline{A}B\overline{C}$$

令：

$$A_2 = A, A_1 = B, A_0 = C$$

则有：

58

$$F = A_2 \bar{A}_1 A_0 + A_2 \bar{A}_1 \bar{A}_0 + \bar{A}_2 A_1 A_0 + \bar{A}_2 \bar{A}_1 A_0 + A_2 A_1 \bar{A}_0 + \bar{A}_2 A_1 \bar{A}_0$$

与式 3 - 4 对比可得，若：

$$D_5 = D_4 = D_3 = D_1 = D_6 = D_2 = 1, \quad D_0 = D_7 = 0$$

则有：

$$Q = F$$

由此可画出该逻辑函数产生器的连接，如图 3.14 所示。

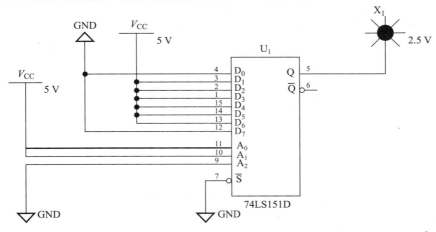

图 3.14　例 3.5 的逻辑函数产生器的连接

2）实现并行数据到串行数据的转换

八选一数据选择器和一个三位二进制计数器构成并行数据向串行数据转换的电路。计数器的作用是累计时钟脉冲的个数，当时钟脉冲 CP 一个接一个送入时，计数器的输出端 $Q_2Q_1Q_0$ 从 $000 \rightarrow 001 \rightarrow 010 \rightarrow \cdots \rightarrow 111$ 依次变化。由于 $Q_2Q_1Q_0$ 与选择器的地址输入 C 端 A_2、A_1、A_0 相连，因此，A_2、A_1、A_0 就随时钟脉冲的逐个输入从 000 到 111 变化，选择器的输出 Q 随之接通 D_0、D_1、D_2、$\cdots$、D_n。当选择器的数据输入端 $D_0 \sim D_7$ 与一个并行 8 位数 01001101 相连时，输出端得到的就是一串随时钟节拍变化的数据 0 - 1 - 0 - 0 - 1 - 1 - 0 - 1，这种数称为串行数据。

3.3　课堂实验一：三人表决电路的设计与制作

3.3.1　实验目的

（1）掌握各种数字逻辑电路的实现方法。
（2）熟悉中规模集成电路在数字电路设计中的应用。

3.3.2　实验设备

装有 Multisim 12 软件的计算机。

3.3.3　实验原理

三人表决器的真值表及原理请参考例题 3.2，本节只介绍其在 Multisim 12 中的仿真实例，具体仿真参数参考图 3.15 和图 3.16，用与非门实现该电路的仿真，可参见项目二。由于在项目二及项目七中有关于 Multisim 12 的详细介绍，所以本节不再赘述。

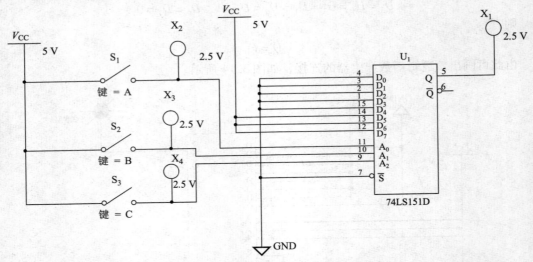

图 3.15 使用数据选择器实现三人表决器

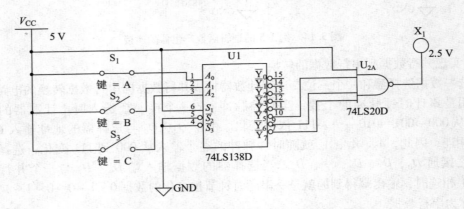

图 3.16 使用译码器实现三人表决器

3.4 加法器和比较器

在工业设计中经常遇到需要对输入信号进行数字运算的情况，数字运算能力也是数字电子系统的基本功能之一，比如大家熟悉的电脑就经常被人们称为计算机。电子电路的数字运算包括很多种，本节介绍其中的两种基本运算电路——加法器和比较器。

3.4.1 加法器

1. 半加器

实现两个一位二进制数加法运算的电路称为半加器。若将 A、B 分别作为一位二进制数，S 表示 A、B 相加的"和"，C 是相加产生的"进位"，半加器的真值表见表 3.8。

表 3.8　半加器的真值表

输入		输出	
A	B	S	C
0	0	0	0
0	1	1	0
1	0	1	0
1	1	0	1

由表 3.8 可直接写出

$$S = \bar{A}B + A\bar{B} = A \oplus B \tag{3-5}$$
$$C = AB \tag{3-6}$$

半加器可以利用一个集成异或门和与门来实现，如图 3.17（a）所示。图 3.17（b）是半加器的逻辑符号。

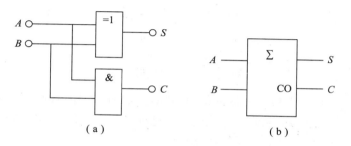

图 3.17　半加器
（a）组成连接；（b）逻辑符号

2. 全加器

对两个一位二进制数及来自低位的"进位"进行相加，产生本位"和"及向高位"进位"的逻辑电路称为全加器。由此可知，全加器有 3 个输入端和两个输出端，其真值表见表 3.9。其中 A_i、B_i 分别是被加数、加数，C_{i-1} 是低位进位，S_i 为本位全加和，C_i 为本位向高位的进位。

表 3.9　全加器的真值表

输入			输出	
A_i	B_i	C_{i-1}	S_i	C_i
0	0	0	0	0
0	0	1	1	0
0	1	0	1	0
0	1	1	0	1
1	0	0	1	0
1	0	1	0	1
1	1	0	0	1
1	1	1	1	1

由真值表可分别写出输出端 S_i 和 C_i 的逻辑表达式为：

$$S_i = \bar{A}_i \bar{B}_i C_{i-1} + \bar{A}_i B_i \bar{C}_{i-1} + A_i \bar{B}_i \bar{C}_{i-1} + A_i B_i C_{i-1} = A_i \oplus B_i \oplus C_{i-1}$$

$$\text{（3-7）}$$

$$C_i = \bar{A}_i B_i C_{i-1} + A_i \bar{B}_i C_{i-1} + A_i B_i \bar{C}_{i-1} + A_i B_i C_{i-1} = (A_i \oplus B_i) C_{i-1} + A_i B_i$$

S_i 和 C_i 的逻辑表达式中有公用项 $A_i \oplus B_i$，因此在组成电路时，可令其共享同一异或门，从而使整体得到进一步简化。

3. 串行加法器

多位二进制数相加，可采用并行相加、串行进位的方式来完成。例如，图 3.18 所示逻辑电路可实现两个 4 位二进制数 $A_3 A_2 A_1 A_0$ 和 $B_3 B_2 B_1 B_0$ 的加法运算。

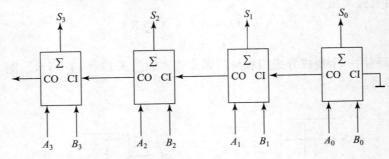

图 3.18　四位串行加法器

由图 3.18 可以看出，低位全加器进位输出端连到高位全加器的进位输入端，任何一位的加法运算必须等到低位加法完成时才能进行，这种进位方式称为串行进位，但和数是并行相加的。这种串行加法器的缺点是运行速度较慢。

4. 并行加法器

并行加法器由多个全加器组成，其全加器个数的多少取决于机器的字长，由于并行加法器可同时对数据的各位相加，因此可能会认为数据的各位能同时运算，但其实并不是这样的。这是因为虽然操作数的各位是同时提供的，但低位运算所产生的进位会影响高位的运算结果。例如：$11\cdots11$ 和 $00\cdots01$ 相加，最低位产生的进位将逐位影响至最高位，因此，并行加法器需要一个最长运算时间，它主要由进位信号的传递时间决定，而每个全加器本身的求和延迟只是次要因素。很明显，提高并行加法器速度的关键是尽量加快进位产生和传递的速度。

并行加法器中的每一个全加器都有一个从低位送来的进位输入和一个传送给高位的进位输出。通常将传递进位信号的逻辑线路连接起来构成的进位网络称为进位链。每一位的进位表达式为：

$$C_i = A_i B_i + (A_i \oplus B_i) C_{i-1} \tag{3-8}$$

其中，"$A_i B_i$" 取决于本位参加运算的两个数，而与低位进位无关，因此，称 $A_i B_i$ 为进位产生函数（本次进位产生），用 G_i 表示，其含义是：若本位的两个输入均为 1，必然要向高位产生进位。"$(A_i \oplus B_i) C_{i-1}$" 不但与本位的两个数有关，还依赖于低位送来的进位，因此，称 $A_i \oplus B_i$ 为进位传递函数（低位进位传递），用 P_i 表示，其含义是：当两个输入中有一个为 1，低位传来的进位 C_{i-1} 将向更高位传送，所以进位表达式又可以写成：

$$C_i = G_i + P_i C_{i-1} \tag{3-9}$$

把 n 个全加器串接起来，就可进行两个 n 位数的相加。这种加法器称为串行进位的并行加法器，如图 3.19 所示。串行进位又称行波进位，每一级进位直接依赖于前一级的进位，即进位信号是逐级形成的。

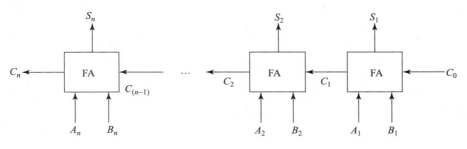

图 3.19　串行进位的并行加法器

其中：$C_1 = G_1 + P_1C_0$，$C_2 = G_2 + P_2C_1$，$C_n = G_n + P_nC_{n-1}$。

串行进位的并行加法器的总延迟时间与字长成正比，字长越长，总延迟时间就越长。假设将一级与门、或门的延迟时间定为 t_y，从上述公式中可以看出，每一级全加器的进位延迟时间为 $2t_y$。在字长为 n 位的情况下，若不考虑 G_i、P_i 的形成时间，从 $C_0 \rightarrow C_n$ 的最长延迟时间为 $2nt_y$（设 C_0 为加法器最低位的进位输入，C_n 为加法器最高位的进位输出）。

为了提高运算速度，通常使用超前进位加法器，图 3.20 所示为中规模 4 位二进制超前进位全加器 74LS283 的引脚排列。其中 $A_1 \sim A_4$、$B_1 \sim B_4$ 分别为 4 位加数和被加数输入端，$F_1 \sim F_4$ 为 4 位和输出端；CI 为进位输入端，CO 为进位输出端。

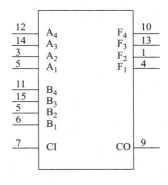

图 3.20　74LS283 的
引脚排列

超前进位加法器之所以能够提高运算速度，关键在于进位信号不是逐级传递，而是超前进位，超前进位全加器的内部进位信号 C_i 的表达式为：

$$C_i = f_i(A_1, \cdots, A_4, B_1, \cdots, B_4, CI) \tag{3-10}$$

从上式可以看出，C_i 仅由加数、被加数和最低位的进位信号决定，而与其他进位无关，这就有效地提高了运算速度。不过也可以看出，其运算速度的提高是以增加电路复杂程度为代价的，而且位数越多，电路越复杂。目前超前进位的全加器多为 4 位。

3.4.2　加法器的应用

加法器除了可以完成基本的加法运算电路之外，还可以构成减法器、乘法器和除法器等多种运算电路，这里不再赘述。在逻辑电路的设计中，如果要实现的输出恰好等于输入代码加上某一常数或某一组代码时，用加法器往往能得到非常简单的设计结果。

【例 3.6】　试设计一个将 8421BCD 码转换为余三码的逻辑电路。

解：余三码 $L_3L_2L_1L_0$ 与 8421BCD 码 $A_3A_2A_1A_0$ 总是相差 0011，因此，将 8421BCD 码作为输入，余三码作为输出，输出逻辑表达式可以写为：

$$L_3L_2L_1L_0 = A_3A_2A_1A_0 + 0011$$

由于输出仅相差一个常数，自然用加法器实现该设计以达到设计最简。用 4 位二进制全加器 74LS283 的一组输入接 8421BCD 码，另一组接二进制数 0011，输出即为余三码。逻辑电路图如图 3.21 所示。

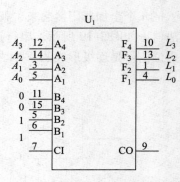

图 3.21　例 3.6 的逻辑电路

3.4.3　比较器

在数字系统中，经常需要比较两个数的大小或是否相等，完成这一功能的逻辑电路称为数值比较电路，相应的器件称为数值比较器。为了讨论方便，用二进制码相比较来说明比较器的工作原理。

1. 4 位数值比较器 74LS85

4 位数值比较器 74LS85 的引脚排列如图 3.22 所示。

两个多位数相比较，应该从高位到低位逐次比较。如高位不相等，则可立即判断两个数值的大小；如果最高位相等，则需比较次高位，以此类推，直到最低位。中规模集成 4 位数值比较器常用的型号还有 CD4063B、MC14585 等。

2. 比较器的应用

比较电路用于实际的逻辑设计中是非常有限的，使用上不如译码器和数据选择器电路灵活方便。但是在某些特殊情况下（如需要与二进制码进行比较）却特别简单，可以大大简化电路设计。

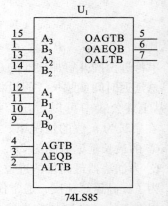

74LS85

图 3.22　74LS85 的引脚排列

3.5　课堂实验二：将 BCD 码转换成余三码

3.5.1　实验目的

（1）掌握 74LS283 的使用规则。

（2）熟悉中规模集成电路在数字电路设计中的应用。

3.5.2　实验设备

装有 Multisim 12 软件的计算机。

3.5.3　实验原理

由例 3.6 知，余三码等于 8421BCD 码加 0011，由此得到：

$$Y_3Y_2Y_1Y_0 = A_3A_2A_1A_0 + 0011$$

按照例 3.6 的电路连接元器件，在 Multisim 12 中的电路连接如图 3.23 所示：

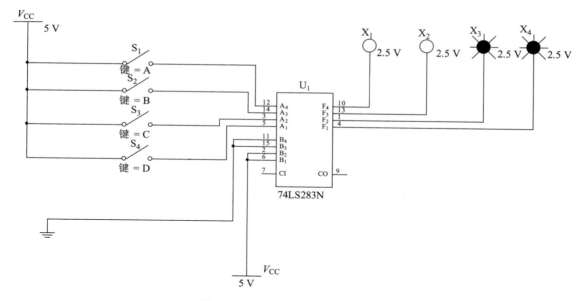

图 3.23　8421BCD 转余三码的电路

3.5.4　计算机仿真实验内容

绘制仿真电路如图 3.23 所示，设计参数参考图 3.23，调取元器件的具体过程参考项目二，表 3.10 为实验结果测试记录表，请将实验数据记录在表中（设开关 $S_1 \sim S_4$ 的状态为 $A \sim D$）。

表 3.10　8421BCD 转余三码的测试记录表

输入				输出	功能
A	B	C	D		
0	0	0	0		
0	0	0	1		
0	0	1	0		
0	0	1	1		
0	1	0	0		
0	1	0	1		
0	1	1	0		
0	1	1	1		
1	0	0	0		
1	0	0	1		
1	0	1	0		
1	0	1	1		
1	1	0	0		
1	1	0	1		
1	1	1	0		
1	1	1	1		

3.6 任务：八选一信号编码、译码和显示电路的设计

3.6.1 任务目标

（1）了解小型电子产品的设计、制作过程。

（2）掌握电子元器件的查询、选用和简单的测试方法。

（3）初步掌握手工焊接技术。

（4）学习电子产品的制作工艺。

（5）学习电子产品的调试方法。

（6）熟悉 Multisim 12 的操作环境，掌握用 Multisim 12 对编码电路进行仿真。

3.6.2 任务内容

使用译码器、数码管、与非门设计一个八路抢答器的编码译码和显示电路，即输出为与路的编号（按钮）对应的 4 位二进制数，并在数码管上显示相应的数字。电路包括编码、译码和显示 3 个部分。任务的电路原理如图 3.24 所示，其各部分工作原理如下。

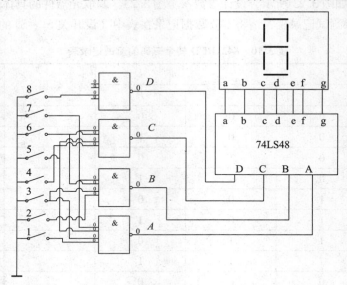

图 3.24　编码、译码和显示电路原理

（1）编码电路：八路抢答按钮输入，低电平有效。输出对应抢答路的编号（按钮）的 4 位二进制编码。有抢答时输出相应按钮编号，无抢答时输出"0000"。

（2）译码电路：将锁存器输出的"4 位二进制码"译成 LED 数码管所要求的"七段码"。

（3）显示电路：采用一位七段 LED 数码管。显示"0"表示无抢答，电路处于准备状态，允许抢答。显示"1"~"8"时，表示抢答按钮的编号，电路处于锁定状态。

电路的工作过程为：当有一路按键按下后，通过 4 个四输入的与非门组成的编码电路将对应按键的编号编译成 4 位二进制数，通过译码电路 74LS48 在数码管上显示相应的按键编号。

3.6.3 仿真测试

仿照图 3.25 所示的仿真电路设置参数，注意其中的引脚不能悬空，不需连接的引脚全部按图 3.25 所示连接在一起。接地（GND）采用数字地。其中七段数码管选用 SEVEN – SEG – COM – K，四输入与非门选用 74LS20N，译码器选择 74LS48N。仿真电路在起始阶段显示为 "0"，按键按下后显示对应按键的数字。由于这个任务只是抢答器电路中的编码和译码显示部分，所以没有考虑锁存、清零环节，仿真时需要按下一个抬起后再按另一个。

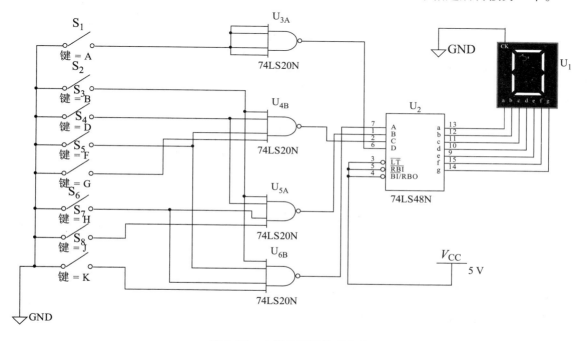

图 3.25 八路抢答器仿真电路

3.6.4 材料设备

八路抢答器所需材料见表 3.11。

表 3.11 八路抢答器所需材料

名称	型号规格	数量
四输入与非门	74LS20N	4
译码器	74LS48N	1
共阴极数码管	SEVEN – SEG – COM – K	1
开关	微型动合式	8
电路板	印刷电路板	1
其他	数字电路实验箱	1

（1）74LS20 的引脚排列：内含两组 4 输入与非门（见图 3.26）。

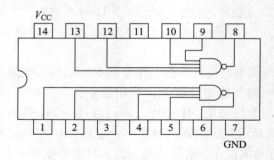

图 3.26　74LS20 的引脚排列

（2）译码器 74LS48 的引脚排列如图 3.27 所示。

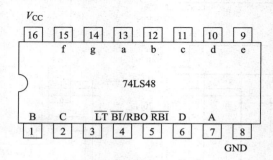

图 3.27　74LS48 的引脚排列

3.6.5　任务步骤及调试

1. 设计、安装、调试一个八路抢答器的编码、译码和显示电路

任务要求如下所述。

（1）画出电路连接图及所需材料。

（2）在电路板上装接电路。

（3）进行调试使之符合设计要求。

2. 调试及排除故障

（1）无显示。

检查 +5V 电源是否接通；检查数码管的 COM 端是否接地。如果 74LS48 的 $\overline{\text{LT}}$ 端输入
"0"，数码管显示"8"，则说明数码管和 74LS48 工作正常，否则说明数码管和 74LS48 有
故障。

（2）数码管显示"0"～"9"之外的非数字字形。

检查 74LS48 的 "DBCA" 输入值，如果 DCBA < 9，说明故障可能是由 74LS48 与数码管
各段的连接顺序不对所致。否则应该检查前级电路。

（3）编码错误。

故障现象较多，仅举一例，其他类似故障可参考本例排除。

错误之一：只显示单数号码，不显示双数号码。如：7 号钮抢答时显示"7"，但 6 号钮

抢答时仍然显示"7";5 号钮抢答时显示"5",但 4 号钮抢答时仍然显示"5"。分析故障原因为:双数号码的编码最后一位是"0",单数号码的编码最后一位是"1",二者的区别仅在最后一位。之所以出现上述错误,是因为最后一位由"0"变成了"1"。例如:74LS48 的第 7 脚(数据输入端 A)虚焊,造成引脚悬空,相当于总输入 1,不能变成低电平,就会造成这种故障现象。本故障可能发生在编码电路及译码电路中,但只要抓住"编码最后一位"这个关键,本故障不难排除。

3.6.6 任务总结

这个项目只是八路抢答器电路中的编码、译码和显示部分,没有考虑实际抢答中的数字锁存以及主持人清零功能,这些内容将在项目四中具体介绍。通过项目三需要掌握组合逻辑电路的设计方法,掌握使用 Multisim 12 仿真的具体步骤。设计的方式还有很多种,请同学们课下自己思考如何使用本项目中介绍的中规模集成电路设计编码电路。

 项目小结

(1)组合逻辑电路的分析,就是根据给定的逻辑电路图,确定其逻辑功能,即求出描述该电路的逻辑功能的函数表达式或者真值表。

(2)组合逻辑电路的设计是分析过程的反过程,即先根据逻辑命题要求写出逻辑函数的真值表,根据真值表再写出逻辑函数的最小项表达式。

(3)将不同的事物通过不同的二进制数字表示的过程称为编码。具有编码功能的电路称为编码电路,相应的电子芯片称为编码器,根据被编对象的不同特点和编码要求,有各种不同的编码器。

(4)3 线 -8 线译码器 74LS138,其工作原理其实就是之前学过的编码器的反过程。

(5)数据选择是指经过选择,把多个通道的数据传送到唯一的公共数据通道上去。实现数据选择功能的逻辑电路称为数据选择器。它的作用相当于多个输入的单刀多掷开关。

(6)数据选择器除实现有选择的传送数据外,还有其他用途,比如:产生逻辑函数和实现并行数据到串行数据的转换。

(7)实现两个一位二进制数加法运算的电路称为半加器。

(8)对两个一位二进制数及来自低位的"进位"进行相加,产生本位"和"及向高位"进位"的逻辑电路称为全加器。

(9)加法器除了可以完成基本的加法运算电路,还可以构成减法器、乘法器和除法器等多种运算电路。

(10)完成数值比较功能的逻辑电路称为数值比较电路,相应的器件称为数值比较器。

思考与习题

3-1 写出图 3.28 所示电路的逻辑表达式,并说明电路实现哪种逻辑门的功能。

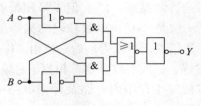

图 3.28　题 3 – 1 用图

3 – 2　分析图 3.29 所示电路，写出输出函数 Y 的表达式。

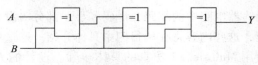

图 3.29　题 3 – 2 用图

3 – 3　已知图 3.30 所示电路及输入 A、B 的波形，试画出相应的输出波形 Y，不计门的延迟时间。

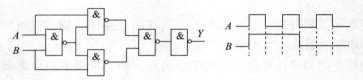

图 3.30　题 3 – 3 用图

3 – 4　由与非门构成的某表决电路如图 3.31 所示，其中 A、B、C、D 表示 4 个人，$Y = 1$ 时表示决议通过。

（1）试分析电路，说明决议通过的情况有几种。

（2）分析 A、B、C、D 4 个人中，谁的权利最大。

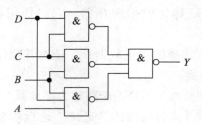

图 3.31　题 3 – 4 用图

3 – 5　设 $F(A,B,C,D) = \sum m(2,4,8,9,10,12,14)$，用下面 3 种方法实现电路。

（1）用与非门实现；（2）用或非门实现；（3）用与或非门实现。

3 – 6　设计一个由 3 个输入端、1 个输出端组成的判奇电路，其逻辑功能为：当奇数个输入信号为高电平时，输出为高电平，否则为低电平。要求使用 74LS151、与非门两种方法实现，画出真值表和电路图。

3 – 7　试一试自己设计一个交通信号灯故障检测电路，当交通灯出现故障的时候发出报警信号。

项 目 四

四路抢答电路的设计

项目摘要

抢答器是现场问答类竞赛、智力竞赛、电视娱乐节目等常用的装置。其广泛应用于电视台、商业机构和学校。随着应用场合的不同，对电路的要求不同，电路的难易程度也不一样，实现的功能也有所不同。抢答器的电路设计方案有很多，可用专用芯片设计，可用可编程逻辑电路设计，还可用单片机设计等。归根结底，抢答器为一种优先判决电路。在实际竞赛场合中，只需满足显示抢答有效和有效的组别即可。故本项目综合了对多种抢答器设计与制作的探讨，给出了利用触发器设计的抢答电路，该电路设计简单、经济实用。

本项目的设计目的是培养数字电路的设计能力，熟悉数字电路的逻辑设计过程，掌握抢答器的设计、组装和调试的方法。

学习目标

- 掌握触发器的结构及工作原理；
- 掌握 RS、JK、D、T 触发器的逻辑功能；
- 掌握集成触发器的逻辑功能及使用方法；
- 熟悉触发器之间相互转换的方法。

4.1 锁存器

在数字电路中，有时不仅要对数字信号进行算术逻辑运算，还需要将运算结果保存起来，这就需要具有记忆功能的逻辑器件。具有记忆功能的逻辑器件有锁存器和触发器，每个锁存器和触发器能够存储一位二进制数字信号，即：0 和 1，其是组成时序逻辑电路的基本元件。因此，锁存器和触发器在电子计算机和数字系统中应用十分广泛。

4.1.1 基本 RS 锁存器

基本 RS 锁存器是最简单的数据存储器，是构成各种锁存器及触发器的基本单元。

1. 电路组成

图 4.1（a）所示为基本 RS 锁存器的电路组成，它由两个与非门交叉耦合构成。$\bar{R}$ 和 $\bar{S}$ 是信号的输入端，低电平有效，即端口为 0 时表示有信号输入，端口为 1 时表示无信号输入。Q 和 $\bar{Q}$ 为电路的两个互补信号输出端，其中 Q 表示触发器的状态，有 0、1 两种稳定状态。$\bar{Q}$ 与 Q 在同一时刻正好相反。通常用 Q^n、$\bar{Q}^n$ 表示锁存器输出端的现在状态，简称现态。Q^{n+1}、$\bar{Q}^{n+1}$ 表示输入信号作用后输出端的状态，简称次态。图 4.1（b）为其逻辑符号。

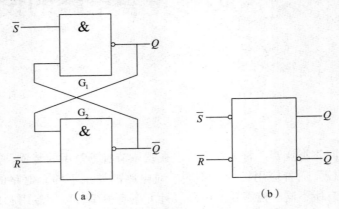

图 4.1 基本 RS 锁存器
(a) 电路组成；(b) 逻辑符号

2. 逻辑功能分析

下面来分析锁存器的逻辑功能。

（1）不定状态：当 $\bar{R} = \bar{S} = 0$ 时，根据图 4.1（a）分析可知两个与非门的输出 $Q^{n+1} = \bar{Q}^{n+1} = 1$，这不是锁存器正常输出的逻辑状态，无法确定锁存器的状态是 0 还是 1。因此，该状态被称为不定状态，锁存器使用时要避免这种状态。

（2）置 0 功能：当 $\bar{R} = 0$，$\bar{S} = 1$ 时，即 $\bar{R}$ 端加低电平信号。此时与非门 G_2 不管初始状态是 0 还是 1，其输出 $\bar{Q}^{n+1} = 0$。而由于 $\bar{S} = 1$，所以与非门 G_1 的输出 $Q^{n+1} = 0$。此时锁存器被置 0，称这时锁存器的状态为复位。因此，决定复位的条件为 $\bar{R} = 0$，称 $\bar{R}$ 端为置 0 端。需要说明的是，如果电路此时 $\bar{R}$ 端低电平信号消失，$\bar{R}$ 端恢复到高电平，$Q = 0$，$\bar{Q} = 1$ 的状态还能保持不变，锁存器有置 0 功能。

（3）置 1 功能：当 $\bar{R} = 1$，$\bar{S} = 0$ 时，即 $\bar{S}$ 端加低电平信号。此时与非门 G_1 不管初始状态是 0 还是 1，其输出 $Q^{n+1} = 0$。而由于 $\bar{R} = 1$，所以与非门 G_2 的输出 $\bar{Q}^{n+1} = 0$。此时锁存器被置 1，称这时锁存器的状态为置位。因此，决定置位的条件为 $\bar{S} = 0$，称 $\bar{S}$ 端为置 0 端。需要说明的是，电路此时如果 $\bar{S}$ 端低电平信号消失，$\bar{S}$ 端恢复到高电平，$Q = 1$，$\bar{Q} = 0$ 的状态还能保持不变，锁存器有置 1 功能。

（4）保持功能：当 $\bar{R} = 1$，$\bar{S} = 1$ 时，电路无低电平输入信号，锁存器保持原来的状态不变。如果现态为 0，$Q = 0$ 反馈到与非门 G_2 的输入端，使 $\bar{Q} = 1$；$\bar{Q} = 1$ 又反馈到与非门 G_1 的输入端，因与非门 G_1 的输入端全为 1，输出 $Q = 0$，电路保持原状态不变。如果锁存器现态为 1，则电路经过同样的过程保持状态 1 不变。这体现了锁存器的记忆功能。

将反映锁存器次态 Q^{n+1} 与输入信号 $\bar{S}$、$\bar{R}$ 及现态 Q^n 之间的关系的表格称为特性表。根据以上分析，可以列出基本 RS 锁存器的特性表，见表 4.1。

表 4.1　基本 RS 锁存器的特性表

$\bar{S}$	$\bar{R}$	Q^n	Q^{n+1}	功能说明
0	0	0	×	不定状态
0	0	1	×	
0	1	0	1	置 1 状态
0	1	1	1	
1	0	0	0	置 0 状态
1	0	1	0	
1	1	0	0	保持状态
1	1	1	1	

根据表 4.1，将 $\bar{R}$，$\bar{S}$ 和 Q^n 作为输入，可以画出锁存器的次态卡诺图，如图 4.2 所示。其中不定状态用无关项表示。

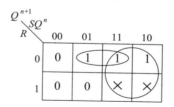

图 4.2　基本 RS 锁存器的次态卡诺图

对图 4.2 进行化简，可得基本 RS 锁存器次态 Q^{n+1} 与输入 $\bar{R}$、$\bar{S}$ 及现态 Q^n 之间的逻辑关系式为：

$$\begin{cases} Q^{n+1} = \bar{S} + \bar{R}Q^n \\ \bar{S} + \bar{R} = 1 \end{cases} \tag{4-1}$$

此方程反映了次态和现态以及输入的关系，称之为特性方程或次态方程。除此之外，还可以用状态转换图来说明锁存器次态转换的方向及条件。图 4.3 为基本 RS 锁存器的状态转换图，图中两个圆圈中的数字分别表示锁存器的两个稳定状态。圆圈中 1 表示状态 1，0 表示状态 0。用带箭头的曲线代表状态转换的方向，曲线起点为初始状态，曲线终点为次态，箭头指向为状态转换的

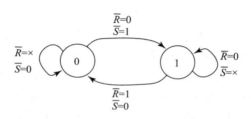

图 4.3　基本 RS 锁存器的状态转换图

方向，曲线旁标注的 $\overline{R}$ 和 $\overline{S}$ 的值为转换条件。

由上面的分析可知，基本锁存器具有电路简单、理解容易、操作方便的特性。所以在实际中常应用于计算机和各种仪器中的置位－复位系统、开关电路和某些特定的场合。但是该锁存器的主要缺点是：输入信号的改变直接影响输出的状态，而且 $\overline{R}$ 端和 $\overline{S}$ 端之间有约束。即基本 RS 锁存器的抗干扰能力极差。

4.1.2 同步 RS 锁存器

由于基本 RS 锁存器置 1 或清 0 信号一出现，输出状态就随之改变，而在现实生活中，有时这个信号是干扰信号，这在数字系统应用中会带来许多的不便。

数字电路系统中要实现各部分分工协作，就需要统一的时钟脉冲来控制锁存器的状态翻转。因此，需要在输入端设置一个控制端，控制端信号称为同步信号，也称为时钟脉冲信号，简称时钟信号，用 CP 表示。

1. 电路组成

图 4.4（a）为同步 RS 锁存器的电路组成，图 4.4（b）为其逻辑符号。由图可见，同步 RS 锁存器是在基本 RS 锁存器的基础上增加了两个控制门 G_1、G_2 和一个输入控制信号 CP。其中 R、S 是信号输入端，CP（时钟脉冲）为选通信号。逻辑符号中的 1S、1R 和 C1 都有同一个标号 1，这意味着这 3 个输入端是同步端，即在同一个脉冲作用下同步改变状态。

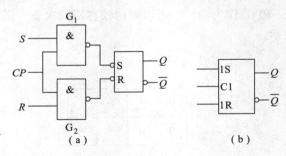

图 4.4 同步 RS 锁存器
(a) 电路组成；(b) 逻辑符号

2. 逻辑功能分析

（1）当 $CP = 0$ 时，与非门 G_1 和 G_2 输出同时为 1，此时基本 RS 锁存器的输入端为 $R = 1, S = 1$，这时锁存器保持原来的状态不变。

（2）当 $CP = 1$ 时，与非门 G_1 输出为 $\overline{S}$，与非门 G_2 输出为 $\overline{R}$，此时基本 RS 锁存器的输入正好接入 $\overline{S}$ 和 $\overline{R}$，同步 RS 锁存器的功能和基本 RS 锁存器正好相同。

需要说明的是：由于同步 RS 锁存器经过与非门 G_1 和 G_2 求反，所以输入信号 R 和 S 都是高电平有效，这和基本 RS 锁存器正好相反。不过 R 端依然是置 0 端，S 端依然是置 1 端。这两个端口的作用没有改变。

【例 4.1】 同步 RS 锁存器如图 4.4 所示，图 4.5 所

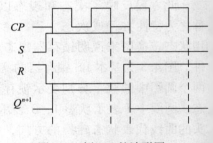

图 4.5 例 4.1 的波形图

示为其 R 端 S 端和 CP 输入信号的波形，设其初始状态为零，试画出输出波形。

4.1.3 同步 D 锁存器

为了解决 R 端和 S 端不能同时为有效电平的问题，只需在同步 RS 锁存器的基础上对电路稍做改善，就可构成 D 锁存器。

1. 电路组成

图 4.6 所示为同步 D 锁存器的电路结构及其逻辑符号。由图可知，D 锁存器将输入信号转换成一对相反的信号，然后分别接在同步 RS 锁存器的两个输入端。这样同步 RS 锁存器的输入只能是 01 和 10 两种组合，不会出现 00 和 11 的保持和不定状态。图中 C1 和 1D 表示这两个端口是同步端。

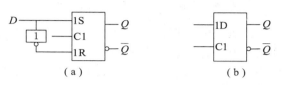

图 4.6　同步 D 锁存器
（a）电路结构；（b）逻辑符号

2. 逻辑功能分析

（1）当 $CP = 0$ 时，同步 RS 锁存器保持原来的状态不变，不受输入信号 D 的控制。

（2）当 $CP = 1$ 时，同步 RS 锁存器解除封锁，可接收输入 D 端的信号。若 $D = 1$，则 $S = 1, R = 0$，这时输出 $Q^{n+1} = 1$。若 $D = 0$，则 $S = 0, R = 1$，这时输出 $Q^{n+1} = 0$。由此可列出同步 D 锁存器的特性表，见表 4.2。

表 4.2　同步 D 锁存器的特性表

D	Q^n	Q^{n+1}	说明
0	0	0	置 0
0	1	0	置 0
1	0	1	置 1
1	1	1	置 1

根据表 4.2，可以画出 D 锁存器的次态卡诺图和状态转换图，如图 4.7 所示。由次态卡诺图可以得出 D 锁存器的特性方程：

$$Q^{n+1} = D \tag{4-2}$$

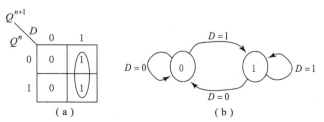

图 4.7　同步 D 锁存器
（a）次态卡诺图；（b）状态转换图

由上式可知：D 锁存器的次态输出 Q^{n+1} 由输入 D 的状态决定。当 $D = 1$ 时，输出 $Q^{n+1} = 1$，当 $D = 0$ 时，输出 $Q^{n+1} = 0$。可以用波形图来表示其工作状态，如图 4.8 所示。

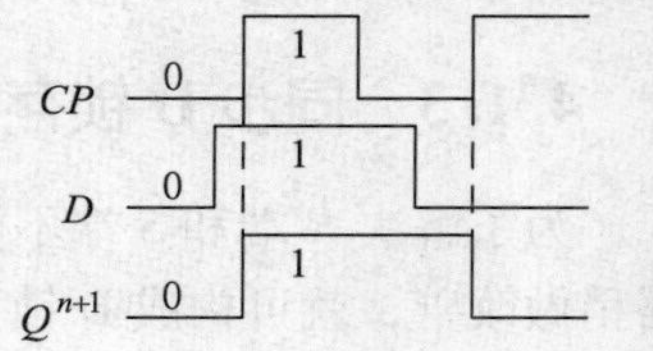

4.1.4　同步锁存器存在的问题

之前讲的所有锁存器都是电平直接控制，即输入信号直接控制锁存器输出端的状态，因此它的抗干扰能力不强。在一个时钟周期的整个高电平期间或整个低电平期间都能接收输入信号，如果 $CP = 1$ 的持续时间过长，就可能使锁存器在一个 CP 脉冲期间发生多次翻转，称为"空翻"。同步 RS 锁存器的空翻如图 4.9 所示。空翻是一种有害的现象，它使得时序电路不能按照时钟节拍工作，造成系统的误动作。下面举例解释空翻现象。

图 4.8　D 锁存器的工作波形

【例 4.2】　在图 4.4 所示的同步 RS 锁存器中，若已知 CP、R、S 的输入信号波形如图 4.9 所示，试画出 Q 端波形（设其初始状态为 0）。

解：$CP = 0$ 时，锁存器状态保持不变，即 $Q = 0$，$CP = 1$ 时，锁存器的状态随输入信号 R、S 发生多次变化，其波形如图 4.9 所示，由图可见，在一个有效 CP 脉冲期间内，锁存器发生了 3 次翻转。

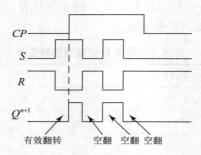

图 4.9　同步 RS 锁存器的空翻

在数字电路中，为了防止空翻现象的产生，要求一个 CP 脉冲期间，电路只能动作一次。之前讲的锁存器不能达到这个要求，所以必须要对锁存器电路结构进行改进，从而形成了结构更复杂、功能更完善的一类存储器——触发器。

4.2　触发器

造成空翻现象的原因是同步锁存器结构的不完善，为了克服空翻现象，设计出多种能解决空翻问题的触发器，例如：主从触发器、边沿触发器等。

4.2.1　主从 RS 触发器

主从触发器的原理是：将两个 RS 锁存器串联起来，由一个主锁存器 FF_1 和一个从锁存器 FF_2 组成一个新的触发器。

1. 电路组成

RS 触发器的电路结构和逻辑符号如图 4.10 所示。由图可以看出，主锁存器和从锁存器分别受一互补的时钟脉冲控制。这样使主、从锁存器分别工作在不同的时间区域，即主、从锁存器所要求的时钟脉冲形式正好彼此相反。

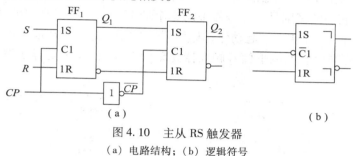

图 4.10　主从 RS 触发器
(a) 电路结构；(b) 逻辑符号

2. 逻辑功能分析

（1）当 $CP = 1$ 时，$\overline{CP} = 0$。此时主锁存器 FF_1 打开，接收外部输入信号 R、S，其改变将改变输出 Q_1 的状态。而从锁存器 FF_2 被封锁，Q_1 状态不能通过 FF_2 输出到 Q_2 端。所以在 $CP = 1$ 时，输出 Q_2 不会有变化。

（2）当 $CP = 0$ 时，$\overline{CP} = 1$。此时主锁存器 FF_1 被封锁，外部输入信号 R、S 改变无法改变输出 Q_1 的状态。而从锁存器 FF_2 打开，Q_1 状态可以通过 FF_2 输出到 Q_2 端。所以在 $CP = 0$ 时，输出 Q_2 会依据 $CP = 1$ 时 Q_1 的输出改变 Q_2 端的状态。

3. 主从 RS 触发器的特点

（1）主从 RS 触发器的逻辑功能和同步 RS 锁存器相同，所以它们的真值表、状态转换图和特征方程也一样。

（2）时钟脉冲信号 CP 从状态 1 转变到状态 0 时，输出 Q_2 状态才会随之翻转。

（3）主从 RS 触发器是主、从两个锁存器交替工作，同一时刻主、从锁存器中只能有一个导通。所以，输入信号 R、S 无法直接影响输出端的状态。因此，在一个 CP 脉冲的周期内，触发器的状态只能翻转一次，解决了空翻的问题。

（4）输入信号 R、S 不能同时为 1。

（5）主从结构的触发器虽然解决了空翻的问题，但是其要求在 $CP = 1$ 的期间内 S、R 的信号不能变化，否则翻转状态将不符合要求。另外，外界干扰和噪声也可能会使触发器发生误操作。由此可见，主从结构的触发器抗干扰能力较差。

4.2.2　边沿 JK 触发器

边沿触发器是在日常生活中经常用到的，该触发器的次态仅取决于 CP 的触发沿到达时刻输入信号的状态，与其他时刻完全没有关系。而且这个状态能一直持续到下一个触发沿到达的时刻，从而提高了抗干扰能力。边沿触发器的触发沿主要有下降沿和上升沿两种。此外，主从 RS 触发器虽然解决了空翻问题，但是输入信号 R、S 依然不能同时为 1。这给实际应用带来了约束，因此有必要对电路进行改进、完善，从而构成另一种两输入端的触发器——边沿 JK 触发器。图 4.11（a）和图 4.11（b）分别是下降沿触发的边沿 JK 触发器和上升沿触发的边沿 JK 触发器。为了和主从触发器区别，边沿触发器逻辑符号的 CP 端（即 C1）有" > "的标识，且 CP 端有小圆圈表示下降沿触发，无小圆圈表示上升沿触发。

1. 电路组成

下降沿触发的边沿 JK 触发器的逻辑符号如图 4.12 所示。其中输入分两类：标号带 1 的和标号不带 1 的。它们的区别是：标号带 1 的 3 个端 1J、$\overline{C}1$（即 CP）和 1K 是同步端，即这 3 个端口在同一个 CP 作用下一起动作；标号不带 1 的两端 $\overline{S}$ 和 $\overline{R}$ 是异步端，即它们不受 CP 控制，只要对应端口有低电平信号触发器立刻置 1 或清 0。$\overline{S}$ 是异步置 1 端，$\overline{R}$ 是异步清 0 端。

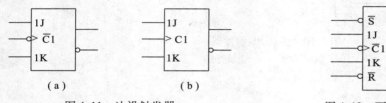

图 4.11 边沿触发器
（a）下降沿触发；（b）上升沿触发

图 4.12 下降沿触发的边沿
JK 触发器的逻辑符号

2. 逻辑功能分析

由于边沿触发器内部电路过于复杂，所以在这里就用仿真的方法来观察 JK 触发器各个输入端对次态输出 Q^{n+1} 状态的影响。在仿真中采用 74LS112D 芯片，实际应用中该芯片含有两个 JK 触发器。

（1）$\overline{R}$ 端和 $\overline{S}$ 端对输出 Q^{n+1} 的影响。仿真电路如图 4.13 所示。由图可以看出，当清零端 CLR 即 $\overline{R}$ 为 0 时，输出 $\overline{Q}^{n+1} = 1$，其对应的蓝灯亮。当置 1 端 PR 即 $\overline{S}$ 为 0 时，输出 $Q^{n+1} = 1$，其对应的红灯亮。而且这两个端口不受时钟脉冲的控制。

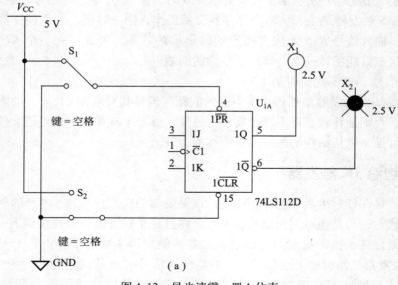

图 4.13 异步清零、置 1 仿真
（a）异步清零

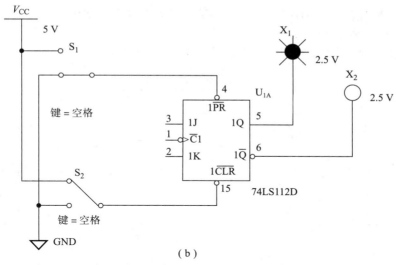

（ b ）

图 4. 13　异步清零、置 1 仿真（续）

（b）异步置 1

（2）JK 触发器的逻辑功能仿真，如图 4.14 所示。用开关 S_1 控制芯片置 1，开关 S_5 控

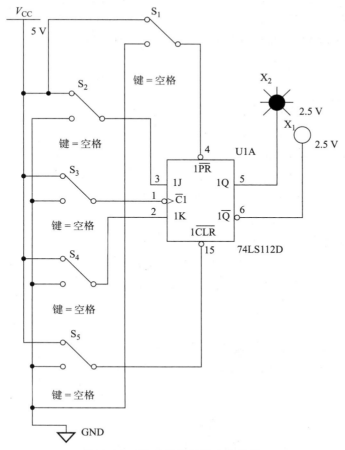

图 4. 14　JK 触发器逻辑功能仿真

制芯片清0，开关S_2、S_4分别控制J、K的取值，开关S_3控制时钟脉冲。当蓝灯亮时表示输出为0，当红灯亮时表示输出为1。

由仿真分析可得JK触发器的特性表，见表4.3。

表4.3　JK触发器的特性表

$\overline{R}(\overline{CLR})$	$\overline{S}(\overline{PR})$	J	K	Q^n	Q^{n+1}	说明
0	0	×	×	×	×	不允许
0	1	×	×	×	1	异步置1
1	0	×	×	×	0	异步清0
1	1	0	0	0	0	保持
1	1	0	0	1	1	$Q^{n+1}=Q^n$
1	1	0	1	0	0	清0
1	1	0	1	1	0	$Q^{n+1}=0$
1	1	1	0	0	1	置1
1	1	1	0	1	1	$Q^{n+1}=1$
1	1	1	1	0	1	计数
1	1	1	1	1	0	$Q^{n+1}=\overline{Q}^n$

由特性表可得JK触发器的次态卡诺图和状态转换图如图4.15所示。

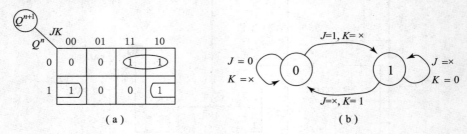

图4.15　JK触发器

（a）次态卡诺图；（b）状态转换图

由次态卡诺图化简可得特性方程为：$Q^{n+1}=J\overline{Q}^n+\overline{K}Q^n$。

JK触发器与RS触发器的不同之处在于：JK触发器没有约束条件。在$J=1,K=1$时，每输入一个时钟脉冲，触发器翻转一次。触发器的这种工作状态称为计数状态。

【例4.3】　主从JK触发器的输入端J、K、CP、$\overline{S}$、$\overline{R}$的输入波形如图4.16所示，试画出Q端的波形。

解：根据JK触发器的特性表可画出Q端波形，如图4.16所示。

【例4.4】　已知下降沿触发的JK触发器的输入端CP、J、K波形如图4.17所示，试画出输出端Q的波

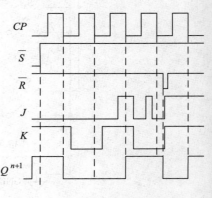

图4.16　例4.3的波形图

形。设触发器的初始状态为 0。

解： 由边沿触发器的原理可知，该触发器的次态仅取决于 CP 的触发沿到达时刻输入信号的状态，与其他时刻完全没有关系。所以，先找到 CP 信号的所有下降沿，在图中用 ↓ 表示出来。然后画出其次态输出 Q^{n+1} 的波形。

【例 4.5】 用 Multisim 12 仿真软件观察 JK 触发器的计数状态（$J = 1$，$K = 1$）。

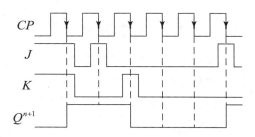

图 4.17 例 4.4 的波形图

解： 按照题目要求搭建电路如图 4.18 所示。信号选择如图 4.19 所示，其计数波形如图 4.20 所示。

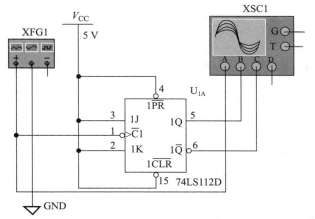

图 4.18 例 4.5 的电路

图 4.19 信号选择

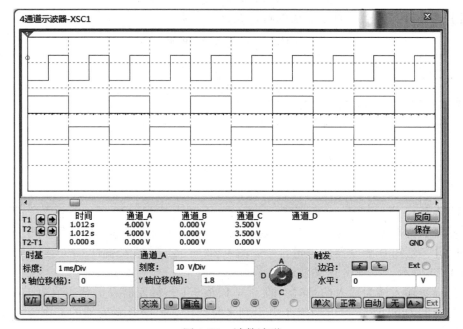

图 4.20 计数波形

4.2.3 其他触发器

在日常生活中，除了 RS 触发器和 JK 触发器外还存在几种常用的触发器。在这里，挑其中两种进行详细介绍。

1. D 触发器

1）电路组成

D 触发器可以由 JK 触发器改进而来，其电路组成（下降沿触发的）如图 4.21（a）所示。由图可以看出，D 触发器由 JK 触发器和一个非门组成（下降沿触发的）。其逻辑符号如图 4.21（b）所示。

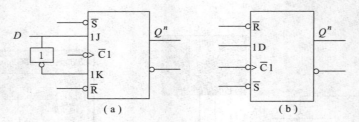

图 4.21　D 触发器

(a) 电路组成；(b) 逻辑符号

2）逻辑功能分析

逻辑符号中 R 和 S 和 JK 触发器中的异步清 0、置 1 端一样，这里不再进行讲解。由 D 触发器的电路组成可以知道，对于 JK 触发器来说，$J = D, K = \bar{D}$。若 $D = 0$，则意味着 $J = 0$，$K = 1$。这时电路处于清 0 状态，此时 $Q^{n+1} = 0$。若 $D = 1$，则意味着 $J = 1$，$K = 0$。这时电路处于置 1 状态，此时 $Q^{n+1} = 1$。由分析可知，D 触发器具有清 0 和置 1 两种功能。

根据上述分析，可推出 D 触发器的特性表，见表 4.4。

表 4.4　D 触发器的特性表

$\bar{S}$	$\bar{R}$	CP	D	Q^n	Q^{n+1}
0	1	×	×	×	1
1	0	×	×	×	0
1	1	↓	0	0	0
1	1		0	1	0
1	1	↓	1	0	1
1	1		1	1	1

D 触发器的特性方程、次态卡诺图和状态转换图与 D 锁存器一致，这里不再介绍。

【例 4.6】　已知 D 触发器的逻辑符号如图 4.22 所示，其输入端 D、CP（C1）、$\bar{S}$、$\bar{R}$ 的输入波形如图 4.23 所示，试画出 Q 端波形。

解：当异步输入端为输入信号时，即 $\bar{S} = 1$，$\bar{R} = 1$，触发器 Q 的状态取决于 CP 脉冲上升沿到来时前的 D 的状态，且在 CP 上升沿到来时翻转。根据 D 触发器的工作特性和特性方程，可画出 Q 端波形，如图 4.23 所示。

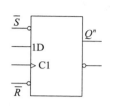

图 4.22　D 触发器的逻辑符号

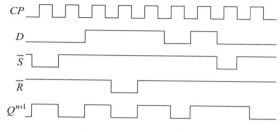

图 4.23　例 4.6 波形图

2. T 触发器

1) 电路组成

T 触发器可以由 JK 触发器改进而来，其电路组成如图 4.24（a）所示。其逻辑符号如图 4.24（b）所示。

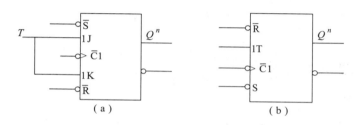

图 4.24　T 触发器

（a）电路组成；（b）逻辑符号

2) 逻辑功能分析

逻辑符号中的 $\bar{R}$ 和 $\bar{S}$ 和 JK 触发器中的异步清 0、置 1 端一样，这里不再进行讲解。由 T 触发器的电路组成可知，对于 JK 触发器来说 $J = D, K = D$。若 $D = 0$，则意味着 $J = 0, K = 0$。这时电路处于保持状态，此时 $Q^{n+1} = Q^n$。若 $D = 1$，则意味着 $J = 1, K = 1$。这时电路处于计数状态，此时 $Q^{n+1} = \bar{Q}^n$。由分析可知，T 触发器具有计数和保持两种功能。

根据上述分析，可得出 T 触发器的特性表，见表 4.5。

表 4.5　T 触发器的特性表

$\bar{S}$	$\bar{R}$	CP	T	Q^n	Q^{n+1}
0	1	×	×	×	1
1	0	×	×	×	0
1	1	↓	0	0	0
1	1		0	1	1
1	1	↓	1	0	1
1	1		1	1	0

由特性表可得 T 触发器的次态卡诺图和状态转换图如图 4.25 所示。

由次态卡诺图化简可得特性方程为：$Q^{n+1} = T\,\bar{Q}^n + \bar{T}Q^n = T \oplus Q^n$。

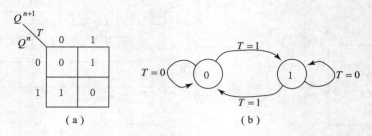

图 4.25 T 触发器

(a) 次态卡诺图；(b) 状态转换图

在 T 触发器中，如果使 T 恒等于 1，则构成翻转触发器，为区别于 T 触发器，习惯于将 $T = 1$ 时的 T 触发器称为 T′触发器，其特性方程为：$Q^{n+1} = \overline{Q^n}$。

可见，T′触发器在时钟脉冲作用下，进一个 CP 脉冲，其状态翻转一次。T′触发器是 T 触发器的一种特殊使用方式。其主要用作计数器，没有单独的产品，一般由其他触发器转换而来，其中一种连接方式如图 4.26 所示。

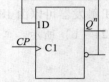

图 4.26 由 D 触发器转换而成的 T′触发器

4.2.4 触发器使用注意事项

1. 品种和类型

在实际生活中使用的触发器都是集成触发器。目前，市场上出现的集成触发器按工艺分有 TTL、CMOS4000 系列和高速 CMOS 系列等，其中 TTL 中 LS 系列的市场占有率最高。

LS 系列的 TTL 触发器具有高速、低功耗的特点，工作电源为 4.5 ~ 5.5V。CMOS4000 系列具有微功耗、抗干扰性能强的特点，工作电源一般为 3 ~ 18V，但其工作速度较低，一般小于 5MHz。高速 CMOS 系列保持了 CMOS4000 系列的微功耗特性，速度与 LS 系列的 TTL 电路相当，可达 50MHz。高速 CMOS 系列有两个常用的子系列：HC 系列，工作电源为 2 ~ 6V；HTC 系列，与 TTL 电路兼容，工作电源为 4.5 ~ 5.5V。

2. 触发器的型号

集成触发器的产品较多，以下列出几种使用频率高、比较典型的触发器型号。

（1）JK 触发器：主从触发器 7476、74H76，边沿触发器 HC76，TTL74LS46 等；

（2）D 触发器：双上升沿 D 触发器 74LS74，八上升沿 D 触发器 74374、74377 等。

这些触发器在使用时会有区别，所以在实际应用时需要按照具体的触发器型号，利用器件手册，针对具体问题具体分析。

4.3 任务：四人智力竞赛抢答器

4.3.1 任务目标

（1）认识常用集成触发器芯片，并能正确选择和使用。

（2）熟悉四人智力竞赛抢答器的电路。

（3）熟悉 Multisim 12 的操作环境，掌握用 Multisim 12 对四人抢答器进行仿真的方法。

（4）掌握利用万用表测试、判断集成触发器好坏的基本方法。

（5）会组装、调试四人智力竞赛抢答器电路。

4.3.2 任务内容

用 JK 触发器设计一个四路抢答器，可以同时供 4 位选手参加比赛，4 位选手的抢答按钮分别为 $S_1 \sim S_4$，主持人控制按钮为 S_0。其电路原理如图 4.27 所示。

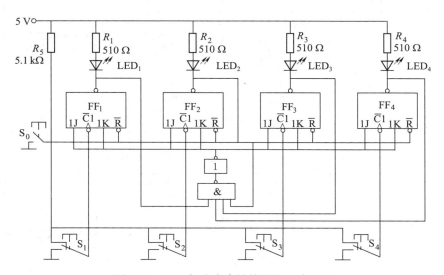

图 4.27 四人智力竞赛抢答器的电路原理

具体技术要求如下：

（1）开关 S_0 为抢答控制总开关（由主持人控制）。当开关 S_0 被按下时，抢答电路清零，松开后允许抢答。由抢答开关 $S_1 \sim S_4$ 实现抢答信号的输入。

（2）当有抢答信号输入（开关 $S_1 \sim S_4$ 中的任何一个开关被按下）时，与之对应的指示灯被点亮。此时再按其他任何一个抢答开关均无效，指示灯仍保持第 1 个开关按下时所对应的状态不变。

4.3.3 仿真测试

利用 Multisim 12 对抢答器进行仿真测试。JK 触发器选择 74LS112D，74LS112D 是一个双 JK 触发器，本项目中该芯片只需要用两个。与非门选择 74LS20N，非门选择 74LS04D，按照图 4.27 搭建电路。注意，仿真图中的引脚都要接上对应的高、低电平。仿真电路如图 4.28 所示。图中 S_1 开关为主持人控制的复位开关，抢答前主持人操作开关 S_1 使抢答有效指示灯 $LED_1 \sim LED_4$ 熄灭，当 $S_2 \sim S_5$ 任意开关闭合时，其对应的指示灯亮，同时其他的开关不起作用，即其对应的指示灯灭。

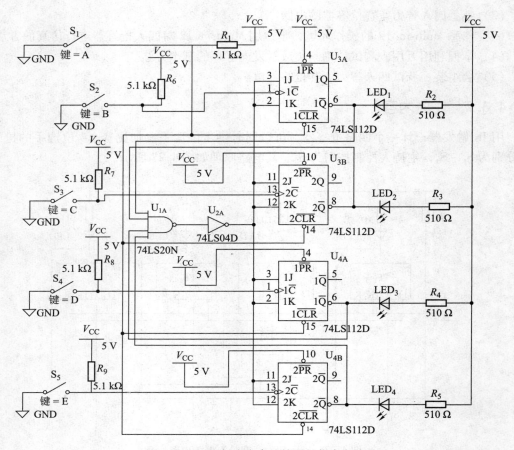

图 4.28　四人智力竞赛抢答器的仿真电路

4.3.4　材料设备

名称	型号规格	数量
JK 触发器	74LS112D	2
非门	74LS04D	1
与非门	74LS20N	1
开关	微型动合式	5
发光二极管	φ5mm	4
电阻器	510Ω	4
电阻器	5.1kΩ	5
其他	数字电路实验箱	1

4.3.5　任务步骤

（1）观察 74LS112D、74LS04D、74LS20N 和发光二极管的外部形状，并区分引脚。

（2）用万用表检测元件质量好坏，并进行筛选。

（3）按照图4.27所示的四人智力竞赛抢答器的电路原理图，在实验箱上正确连接电路。

（4）电路调试。

①通电前检查：对照电路原理图检查74LS112D、74LS04D、74LS20N和发光二极管的连接极性以及电路的连线。

②试通电：接通5V电源，观察电路的工作情况。如正常则进行下一步的检查。

③通电观测：分别操作开关 S_1 和 $S_2 \sim S_5$，观察发光二极管 $LED_1 \sim LED_4$ 的工作状态是否符合控制要求。

4.3.6 任务总结

该任务是通过应用JK触发器得到一个四路抢答器，抢答器只有对应灯亮，没有显示的部分。通过该任务，应更加了解JK触发器的工作原理，对Multisim 12软件仿真有更深的理解和应用，还可以通过自己动手在实验箱上搭建电路锻炼动手能力。除此之外，四路抢答器还有很多种设计方法，请思考一下如何用D触发器构成四路抢答器。

 项目小结

（1）触发器是数字系统中的基本逻辑单元。其有两个基本特征：一是它具有两个稳定状态；二是在外信号的作用下，两个状态可以转换。触发器的次态不仅与输入信号有关而且与触发器的现态有关。触发器具有记忆功能，常用来保存二进制信息。

（2）触发器的逻辑功能是指触发器输出的次态与输出的现态及输入信号之间的逻辑关系。描述触发器功能的方法主要有4种，分别是：状态转换真值表、特征方程、状态转换图和波形图。这4种方法可以相互转换。

（3）触发器按结构可分为：同步触发器、主从触发器和边沿触发器；按逻辑功能可分为：RS触发器、JK触发器、D触发器和T触发器。

 思考与习题

4 – 1 写出图4.29所示的触发器次态 Q^{n+1} 的函数表达式。

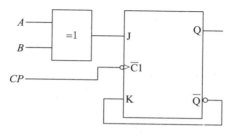

图 4.29 题 4 – 1 的电路图

4 – 2 如图4.30（a）所示逻辑电路，已知 CP 为连续脉冲，如图4.30（b）所示，试画出 Q_1、Q_2 的波形，并在Multisim 12仿真软件上进行仿真。

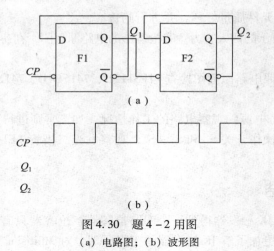

图 4.30　题 4 – 2 用图

（a）电路图；（b）波形图

4 – 3　在如图 4.31 所示的主从结构 JK 触发器电路中，若输入端 J、K 的波形如图 4.31（b）所示。试画出输出端的波形（假定触发器的初始状态为 $Q = 0$）。

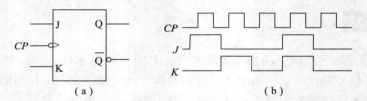

图 4.31　题 4 – 3 用图

（a）电路图；（b）波形图

4 – 4　写出如图 4.32 所示触发器电路的状态方程，并画出其状态转换图。

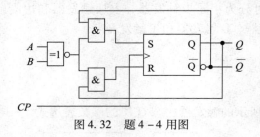

图 4.32　题 4 – 4 用图

4 – 5　D 触发器的电路如图 4.33（a）所示，输入波形如图 4.33（b）所示，画出 Q 端的波形，设触发器的初始状态为 "0"。

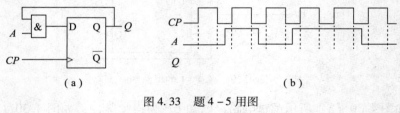

图 4.33　题 4 – 5 用图

（a）电路图；（b）波形图

项目五

秒计数器的设计

项目摘要

秒计数器在交通控制、家庭日用等方面有着广泛的应用，是生活中不可或缺的一种电子元件。它由脉冲发生器和计数器两部分组成。脉冲发生器的功能是一秒产生一个脉冲。计数器的功能是每个脉冲计数一次。两者配合完成一秒计数一次，以实现测量、控制等功能。

计数器的核心元件是触发器。实际应用中，可以用集成触发器采用时序逻辑电路的构成方法构成计数器。为了设计方便，也可以用集成计数器根据需要构成任意进制的计数器。

本项目重点介绍使用集成计数器组成秒计数器的过程。目的是培养学生时序逻辑电路的设计能力，熟悉时序逻辑电路的设计过程，掌握秒计数器的设计、组装和调试的方法。

学习目标

- 掌握时序逻辑电路的基本知识；
- 了解时序逻辑电路的典型应用案例；
- 掌握时序逻辑电路的分析、设计方法；
- 了解集成计数器的逻辑功能和使用方法；
- 掌握任意进制计数器的设计；
- 掌握秒计数器的设计、组装和调试。

5.1 时序逻辑电路的基本知识

5.1.1 时序逻辑电路的基本概念

1. 时序逻辑电路的特点

时序逻辑电路简称时序电路，是数字电路系统中非常重要的一类逻辑电路，常见的时序逻辑电路有计数器、寄存器、锁存器等。它的特点是：电路具有记忆功能，电路的输出信号不仅与电路当前的输入信号有关，还和该电路过去的状态有关。

2. 时序逻辑电路与组合逻辑电路的对比

1）组合逻辑电路

特点是：输入信号决定输出信号，与电路的历史状态无关。

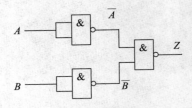

如图 5.1 所示，由 3 个与非门组成的或门电路 $Z = \overline{A \cdot B} = A + B$，输入 $A = 1$，$B = 0$，输出 $Z = A + B = 1$。输出状态完全由输入状态决定。

图 5.1 组合逻辑电路

2）时序逻辑电路

特点是：输入信号与电路原来的状态共同决定输出信号。

如图 5.2 所示，集成 JK 触发器 74LS112 的输入端 1J 和 1K 同时设置为高电平 1，即 $J = K = 1$，$\overline{C}1$ 端输入脉冲。根据 JK 触发器的功能方程 $Q^{n+1} = J\overline{Q^n} + \overline{K}Q^n$，代入 $J = 1$，$K = 1$ 得到 $Q^{n+1} = 1 \cdot \overline{Q^n} + \overline{1} \cdot Q^n = \overline{Q^n}$。

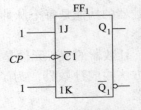

图 5.2 时序逻辑电路

当触发器的输入 $J = 1$，$K = 1$，且输出初态 $Q^n = 0$ 时，$\overline{C}1$ 输入一个脉冲，输出 $Q^{n+1} = \overline{Q^n} = \overline{0} = 1$；当触发器的输入 $J = 1$，$K = 1$，且输出初态 $Q^n = 1$ 时，$\overline{C}1$ 输入一个脉冲，输出 $Q^{n+1} = \overline{Q^n} = \overline{1} = 0$。结果显示，输出端 Q_1 的状态不仅和 J、K 的值有关，还和 Q_1 的前一个状态有关。

3. 时序逻辑电路的分类

1）根据时钟分类

时序逻辑电路按照其各触发器是否有统一的时钟控制，划分为同步时序电路和异步时序电路两大类。

同步时序电路中，各个触发器的时钟脉冲相同，即电路使用统一的时钟脉冲。每来一个时钟脉冲，电路状态改变一次。如图 5.3 所示的 2 位二进制计数器中，两片 JK 触发器的脉冲输入端 $\overline{C}1$ 和 $\overline{C}2$，由一个脉冲 CP 同时控制。

异步时序电路中，各个触发器接在不同的时钟脉冲源上，所以各触发器的状态变化不受同一个时钟脉冲的控制，而是在不同时刻分别进行，如图 5.4 所示的 2 位二进制计数器，第一片 JK 触发器的脉冲输入 $\overline{C}1$ 是由第二片 JK 触发器的输出 Q_2 控制；第二片触发器的脉冲

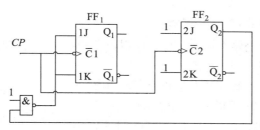

图 5.3　同步时序电路

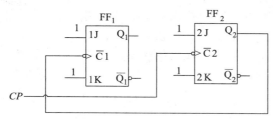

图 5.4　异步时序电路

输入是由外界脉冲 CP 控制，显然两者使用的是不同的脉冲源。

2）根据输出分类

米利型（Mealy 型）时序电路的输出不仅与现态有关，还决定于电路的当前输入。如图 5.5 所示为 2 位二进制可逆计数器。当输入 A 接低电平时，电路为 2 位二进制正向计数器；当输入 A 接高电平时，电路为二进制反向计数器。

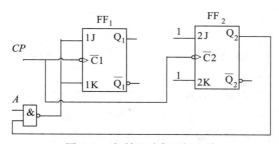

图 5.5　米利型时序逻辑电路

穆尔型（Moore 型）时序电路的输出仅决定于电路的现态，与电路的输入无关；或者不存在独立设置的输出，而是以电路的状态直接作为输出。穆尔型是米利型的特例。如图 5.6 所示，电路中只有脉冲输入 CP 和状态输出端 Z，没有设置专门的输入端。

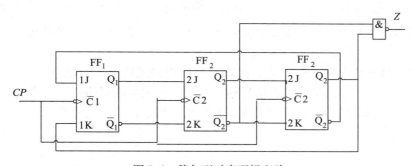

图 5.6　穆尔型时序逻辑电路

4. 时序电路逻辑功能的表示方法

根据定义，时序逻辑电路有记忆功能，所以电路中必须有存储单元。因此，时序逻辑电路由组合电路和存储电路两部分组成。

如图 5.7 所示。其中，$X_1 \sim X_i$ 代表时序逻辑电路的输入信号，$Z_1 \sim Z_j$ 代表时序逻辑电路的输出信号，$Y_1 \sim Y_r$ 是存储电路的输入信号，$Q_1 \sim Q_n$ 是存储电路的输出信号，由图可以看出它被反馈到组合电路的输入端，与输入信号一起决定时序逻辑电路的输出状态。也就是说，$X_1 \sim X_i$ 和 $Q_1 \sim Q_n$ 共同决定输出 $Z_1 \sim Z_j$。

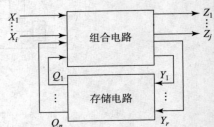

图 5.7　时序电路的结构框图

这些信号之间的关系可以用 3 个向量函数表示：

状态方程

$$Q_{n+1} = F(Q_n, X_i)$$

驱动方程

$$W = H(Q_n, X_i)$$

输出方程

$$Z = H(Q_n, X_i)$$

5.1.2　时序逻辑电路功能的表示方法

时序逻辑电路功能的表示方法有 4 种，分别是：逻辑方程式、状态表、状态图、时序图。

1）逻辑方程式

在时序逻辑电路中，一般用状态方程、驱动方程、输出方程这 3 个方程共同来表示其逻辑功能。

（1）状态方程：将驱动方程代入相应触发器的特性方程中即为状态方程。它反映了时序逻辑电路的次态与输入信号和现态之间的逻辑关系。因此，状态方程又称为次态方程。

（2）驱动方程：各触发器输入端的逻辑表达式。它反映了触发器输入端变量与时序逻辑电路的输入信号和电路状态之间的关系。

（3）输出方程：时序逻辑电路的输出逻辑表达式，它反映了时序逻辑电路的输出端变量与输入信号和电路状态之间的逻辑关系。

2）状态表

理论上，有了 3 个逻辑方程，时序逻辑电路的功能就确定了。但是，由于逻辑方程式不能直观地反映时序逻辑电路的功能到底是什么，所以需要能反应时序逻辑电路变化过程的描述方法。

状态表是反映逻辑电路的输出 Z、次态 Q^{n+1} 和电路的输入 X、现态 Q^n 间对应取值关系的表格，又称为状态转换真值表。将电路输入信号的触发器现态的所有取值组合代入相应的状态方程和输出方程中进行计算，求出次态和输出，列表即可。见表 5.1。

表5.1 时序逻辑电路的状态表

现态 \ 次态/输出 \ 输入		X		
Q^n		Q^{n+1}/Z		

3）状态图

状态表是表格的形式，可以直观地描述时序逻辑电路相邻状态的转换过程，但是不能整体反应状态转换的顺序关系。状态图是反映时序逻辑电路状态转换规律及相应输入、输出取值关系的图形。它以图形的方式表示时序逻辑电路状态的转换规律，不仅可以清楚地描述相邻状态的转化条件和规律，还可以直观地展示状态之间的转化方向和顺序关系。

在状态图中，圆圈及圈内的字母或数字表示电路的各个状态，连线及箭头表示状态转换的方向（由现态到次态）。连线一侧的数字表示状态转换前输入信号的取值和输出值，它表明，在该输入取值的作用下，将产生相应的输出值。同时，电路将发生如箭头所指的状态转换，如图5.8所示。

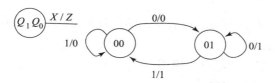

图5.8 时序逻辑电路的状态图

4）时序图

时序图即时序逻辑电路的工作波形图。它反映输入信号、电路状态和输出信号等的取值在时间上的对应关系，如图5.9所示。

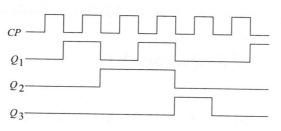

图5.9 时序逻辑电路的时序图

以上4种表示方法从不同方面反映了时序逻辑电路的逻辑功能和特点，但本质是相通的，所以可以互换。因此，在实际电路的分析设计中，可以根据具体情况选用一种或几种方式用以表达电路的逻辑功能。

5.1.3 时序逻辑电路的分析

时序逻辑电路的分析过程就是根据给定的逻辑电路图，在输入及时钟的作用下，写出逻辑电路对应的方程式，找出电路的状态及输出的变化规律，从而了解其逻辑功能。

1．时序逻辑电路分析的基本步骤

1）分析时序逻辑电路的组成

确定输入和输出，区分其两个组成部分，确定是同步时序电路还是异步时序电路。

2）写出相关方程式

根据给定的逻辑电路图，写出存储电路的驱动方程和时序电路的输出方程，若为异步时序还需要写出时钟方程。

3）求各个触发器的状态方程

把驱动方程代入相应触发器的特性方程，即可求得状态方程，也就是各个触发器的次态方程。

4）列状态转换真值表（状态表）

首先列出输入信号的存储电路在现态的所有可能的取值组合，然后代入状态方程和输出方程中进行计算。这时需要注意有效的时钟条件，如果不满足条件，触发器状态保持不变。也就是说，只有触发器的时钟条件满足后，才需要代入状态方程和输出方程中进行计算，求次态和输出。还需要注意的是，次态和现态是相对的概念。比如，这个时刻是次态，下一个时刻就是现态。

5）画状态图或时序图

根据状态表可画出电路由现态转换到次态的过程示意图，以及在时钟脉冲 CP 作用下各触发器状态变化的波形图。

6）用文字对电路的逻辑功能进行描述

归纳总结分析结果，确定电路功能。

7）Multisim 仿真时序逻辑电路

使用 Multisim 12 仿真时序逻辑电路，观察电路的状态变化，记录状态转换真值表，使用逻辑分析仪或者示波器观察并记录时序图，根据时序图画出状态图，直观地验证前面的理论分析的结果。

需要说明的是，上述步骤不是必须执行的，实际应用中可根据具体情况加以取舍。

2．同步时序电路分析举例

【例5.1】 分析图 5.10 所示电路的逻辑功能。

解：

（1）分析电路组成。

该电路由两个 JK 触发器 FF_0、FF_1 构成存储电路，组合电路是一个与门。无外加输入信号，输出信号为 C，是一个同步时序电路。

（2）写相关方程式。

由于是同步时序电路，故时钟方

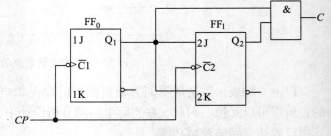

图 5.10 时序逻辑电路

程可省略。现只需写出驱动方程和输出方程。

第一片 JK 触发器的输入 $1J$ 和 $1K$ 引脚悬空，所以 $J_1 = 1$，$K_1 = 1$，第二片 JK 触发器的 $2J$ 和 $2K$ 都连接到 Q_1，所以得到驱动方程和输出方程如下。

驱动方程：$J_1 = 1$，$K_1 = 1$；$J_2 = Q_1^n$，$K_2 = Q_1^n$。

输出方程：$C = Q_2^n Q_1^n$。

（3）求各触发器的状态方程。

将以上驱动方程代入 JK 触发器的特性方程 $Q^{n+1} = J\overline{Q^n} + \overline{K}Q^n$ 中，进行化简变换可得状态方程：

$$Q_1^{n+1} = J_1 \overline{Q_1^n} + \overline{K_1}Q_1^n = \overline{Q_1^n}$$

$$Q_2^{n+1} = J_2 \overline{Q_2^n} + \overline{K_2}Q_2^n = Q_1^n \overline{Q_2^n} + \overline{Q_1^n}Q_2^n = Q_2^n \oplus Q_1^n$$

（4）列状态转换真值表。

假设初态为 00，即 $Q_2^n = 0$，$Q_1^n = 0$。

输入第 1 个时钟脉冲时，初态为 $Q_1^n = 0$，$Q_2^n = 0$，代入状态方程和输出方程，得到 $Q_1^{n+1} = 1$，$Q_2^{n+1} = 0$，$C = 0$。

输入第 2 个时钟脉冲时，第 1 个脉冲得到的次态就是这时的现态，把这时的现态 $Q_1^n = 1$，$Q_2^n = 0$ 代入状态方程和输出方程，可得这时的次态和输出为 $Q_1^{n+1} = 0$，$Q_2^{n+1} = 1$，$C = 0$。

输入第 3 个时钟脉冲时，初态为 $Q_1^n = 0$，$Q_2^n = 1$，次态和输出为 $Q_1^{n+1} = 1$，$Q_2^{n+1} = 1$，$C = 0$。

输入第 4 个时钟脉冲时，初态为 $Q_1^n = 1$，$Q_2^n = 1$，次态和输出为 $Q_1^{n+1} = 0$，$Q_1^{n+1} = 0$，$C = 1$。

经过 4 个时钟脉冲，触发器的状态又转变回 00，和初态一样。这样一个循环就结束了，状态表见表 5.2。

表 5.2 例 5.1 的状态表

CP	Q_2^n	Q_1^n	C	Q_2^{n+1}	Q_1^{n+1}
1	0	0	0	0	1
2	0	1	0	1	0
3	1	0	0	1	1
4	1	1	1	0	0

（5）画状态图和时序图。

根据表 5.2 可画出如图 5.11（a）所示的状态图及如图 5.11（b）所示的时序图。

图 5.11（a）中的 00、01、10、11 分别表示电路的 4 个状态，箭头表示电路状态的转换方向。箭头上方标注的/C 为输出值。

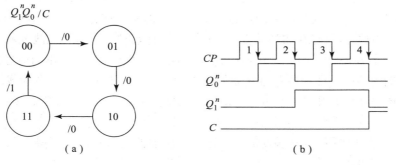

（a） （b）

图 5.11 例 5.1 的状态图和时序图

（a）状态图；（b）时序图

（6）归纳总结，确定逻辑功能。

显然，随着 CP 脉冲的输入，电路在 4 个状态之间循环递增变化。若初始状态为 00，则当第 4 个 CP 脉冲下降沿到来之后，时序逻辑电路又返回初态 00，同时输出端 $C = 1$。且在 Q_2Q_1 变化的一个循环过程中，$C = 1$ 只出现一次，故 C 为进位输出信号。因此，得到结论：该电路为带进位的同步四进制加法计数电路。

（7）Multisim 仿真。

使用 Multisim 12 仿真时，需要注意将电路图中默认的条件补齐。

仿真电路如图 5.12 所示，FF_0 的 1J 和 1K 引脚悬空，相当于该引脚接高电平 1；FF_0 和 FF_1 的置零端对应引脚为 $1\overline{CLR}$ 和 $2\overline{CLR}$，经过开关 S_2 连接到接地端上。

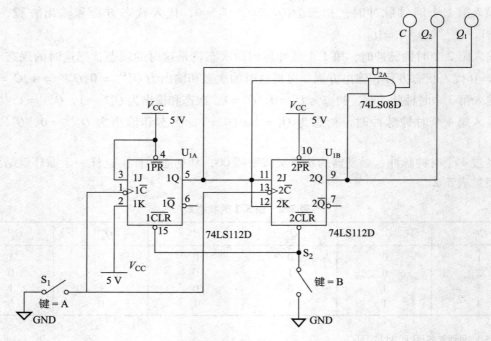

图 5.12　仿真电路图

3. 异步时序电路的分析举例

异步时序电路的分析方法与同步时序电路的分析方法共同之处在于，一样可以先求出 3 个方程，而后作出状态转换真值表。不过，需要注意的是，在异步时序电路中，由于没有统一的时钟脉冲，触发器只有在加到其 CP 端上的信号有效时，才有可能改变状态。否则，触发器将保持原有状态不变。因此，在考虑各触发器的状态转换时，除驱动信号的情况，还必须考虑其 CP 端的情况，即根据各触发器的时钟信号 CP 的逻辑表达式及触发方式，确定各 CP 端是否有触发信号作用（对于由上升沿触发的触发器而言，当其 CP（C1）端的信号由 0 变 1 时，有触发信号作用；对于由下降沿触发的触发器而言，当其 CP 端（$\overline{C}1$）的信号由 1 变 0 时，有触发信号作用）。有触发信号作用的触发器能改变状态；无触发信号作用的触发器保持原有的状态不变。

【例 5.2】　分析图 5.13 所示电路的逻辑功能。

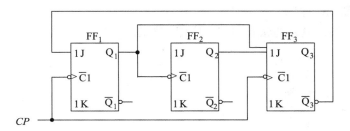

图 5.13　例 5.2 的时序逻辑电路

解：

（1）分析电路的组成。

该电路的存储器件是 3 个 JK 触发器。一个组合电路无输入信号，也无输出信号，是异步时序电路。

（2）写相关方程。

由于是异步时序电路，故需要写出时钟方程和驱动方程。

时钟方程：$CP_1 = CP_3 = CP$；$CP_2 = Q_1$。

驱动方程：$J_1 = \overline{Q_3^n}$，$K_1 = 1$；$J_2 = 1$，$K_2 = 1$；$J_3 = Q_2^n Q_1^n$，$K_3 = 1$。

（3）求状态方程。

因为 JK 触发器的特性方程为 $Q^{n+1} = J\overline{Q^n} + \overline{K}Q^n$，将对应驱动方程分别代入特性方程中，进行化简变换可得状态方程为：

$$Q_1^{n+1} = J_1 \overline{Q_1^n} + \overline{K_1}Q_1^n = \overline{Q_3^n}\,\overline{Q_1^n}\quad（CP\text{ 下降沿有效}）$$

$$Q_2^{n+1} = J_2 \overline{Q_2^n} + \overline{K_2}Q_2^n = \overline{Q_2^n}\quad（Q_1\text{ 下降沿有效}）$$

$$Q_3^{n+1} = J_3 \overline{Q_3^n} + \overline{K_3}Q_3^n = Q_1^n Q_2^n \overline{Q_3^n}\quad（CP\text{ 下降沿有效}）$$

（4）列状态转换真值表。

列出触发器现态的所有取值组合，代入以上相应的状态方程中进行计算，求得每一个现态对应的次态，然后依次将次态写在其对应现态的位置上，需要注意的是次态和现态的相对概念，即可列出状态表，见表 5.3。

表 5.3　例 5.2 的整体状态表

Q_3^n	Q_2^n	Q_1^n	Q_3^{n+1}	Q_2^{n+1}	Q_1^{n+1}	时钟条件
0	0	0	0	0	1	$CP_3 \downarrow CP_1 \downarrow$
0	0	1	0	1	0	$CP_3 \downarrow CP_2 \downarrow CP_1 \downarrow$
0	1	0	0	1	1	$CP_3 \downarrow CP_1 \downarrow$
0	1	1	1	0	0	$CP_3 \downarrow CP_2 \downarrow CP_1 \downarrow$
1	0	0	0	0	0	$CP_3 \downarrow CP_1 \downarrow$
1	0	1	0	1	0	$CP_3 \downarrow CP_2 \downarrow CP_1 \downarrow$
1	1	0	0	1	0	$CP_3 \downarrow CP_1 \downarrow$
1	1	1	0	0	0	$CP_3 \downarrow CP_2 \downarrow CP_1 \downarrow$

（5）画状态图和时序图。

根据表 5.3 可画出电路的状态图和时序图，如图 5.14 所示。

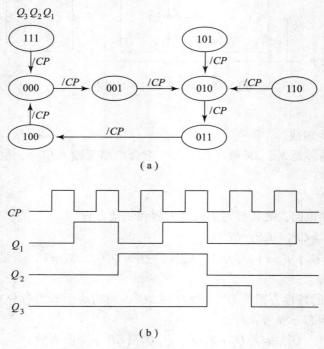

图 5.14　例 5.2 的状态图和时序图
（a）状态图；（b）时序图

（6）描述逻辑功能。

从表 5.3 可知：电路输出 $Q_3Q_2Q_1$ 应有 $2^3 = 8$ 个工作状态，即 000～111。由图 5.14（a）可看出，它只有 5 个状态称为有效状态，还有 101、110、111 这 3 个状态没有被利用，称为无效状态。随着 CP 脉冲的递增，触发器输出 $Q_3Q_2Q_1$ 会进入包含 5 个有效状态的循环过程，如果从 000 开始计数，经过 5 个 CP 脉冲后会重新返回到初态 000。即使该电路由于某种原因进入无效工作状态，在 CP 脉冲的作用下，触发器输出的状态也能进入有效循环内。也就是说，随着 CP 脉冲的输入，电路能够从无效状态自动返回到有效状态中，称这种情况为"电路能够自启动"。反之，如果电路进入某一个无效状态，经过有限个 CP 脉冲后仍不能返回到有效循环内，则称电路不能自启动。综合以上分析，可得到结论：该电路是一个能够自启动的五进制加法计数器。

（7）Multisim 仿真。

5.1.4　时序逻辑电路的设计

时序逻辑电路的设计是分析的逆过程，即根据给出的具体逻辑问题，求出完成这一功能的逻辑电路。

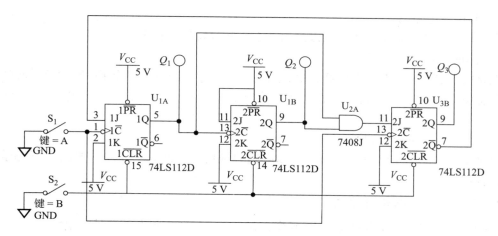

图 5.15　例 5.2 的 Multisim 仿真电路图

1. 设计过程中的主要步骤

1）由给定的逻辑功能画原始状态转换图

设计时序逻辑电路时，首先必须分析给定的逻辑功能，从而求出对应的状态转换图。正确画出原始状态图，是设计时序逻辑电路最关键的一步，具体做法如下所述。

（1）分析给定的逻辑功能，确定输入变量、输出变量及该电路应包含的状态，并用字母 S_0、S_1 等表示这些状态。

（2）分别设以上状态为现态，考察在每一个可能的输入组合作用下应转入哪个状态及相应的输出，便可求得符合题意的状态图。

（3）根据给定要求得到的原始状态图不一定是最简形式，很可能包含有多余的状态，即有可以合并的状态，因此需要进行状态化简或状态合并。状态化简将使状态数目减少，从而可以减少电路中所需触发器的个数或门电路的个数。

2）选择触发器，并进行状态分配

（1）确定触发器类型和数量。每个触发器有两个状态 0 和 1，n 个触发器能表示 2^n 个状态。如果用 N 表示该时序电路的状态数，则有：

$$2^{n-1} < N \leqslant 2^n$$

（2）状态分配。所谓状态分配是指对状态图中的每个状态 S_0、S_1 等指定 1 个二进制代码。状态分配又称状态编码。所选代码的位数与 n 相同。编码的方案不同，设计的电路结构也就不同。为便于记忆和识别，一般选用的状态编码都遵循一定的规律，如用自然二进制码。

（3）列状态转换表，画出编码后的状态转换图。编码方案确定后，根据简化的状态图，列出状态转换真值表，由状态转换真值表可以画出编码后的状态转换图。

3）写出逻辑方程式

（1）求状态方程和输出方程。由状态转换真值表画出次态卡诺图，从次态卡诺图可求得状态方程。如设计要求的输出量不是触发器的输出 Q，还需要写出输出 Z 与触发器的现态 Q^n 相关的输出方程。

（2）写出驱动方程和时钟方程。将（1）中得到状态方程与触发器的特征方程相比较，则可求得驱动方程。对于异步时序电路还需要写出时钟方程。

4）画逻辑电路图

根据驱动方程和输出方程，可以画出基于触发器的逻辑电路图。

5）检查自启动能力

电路的自启动能力是指电路状态处在任意态时，能否经过若干个 CP 脉冲后返回到有效循环状态中。判断一个电路能否自启动，实际是在某些特定状态下，对电路进行分析的过程。

6）使用 Multisim 进行验证

通过使用 Multisim 12 进行仿真，可以直接验证电路状态是否正确、电路状态的循环顺序是否合理。

2. 同步时序电路设计举例

【例 5.3】 试用下降沿触发的 JK 触发器设计一个同步四进制加法计数电路。

解：（1）根据设计要求，作出状态转换图。

依题意，四进制计数器需要 4 个状态来表示。4 个状态循环后回到初始状态。设这 4 个状态为 S_0、S_1、S_2、S_3。状态转换图如图 5.16 所示。

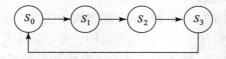

图 5.16　例 5.3 的状态转换图

（2）确定所用触发器的类型、个数并进行状态分配。

①确定所用触发器的类型和个数。选择 JK 触发器。本例中，因为状态数 $N=4$，所以触发器个数 $n=2$。

②根据状态分配的结果可以列出状态转换真值表，见表 5.4。

表 5.4　例 5.3 的状态转换真值表

CP	Q_1^n	Q_0^n	Q_1^{n+1}	Q_0^{n+1}
1	0	0	0	1
2	0	1	1	0
3	1	0	1	1
4	1	1	0	0

（3）求出逻辑方程式。

①画次态卡诺图如图 5.17 所示。由图可得状态方程为：

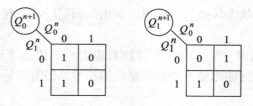

图 5.17　例 5.3 次态卡诺图

$$Q_0^{n+1} = \overline{Q_0^n}$$

$$Q_1^{n+1} = \overline{Q_1^n} Q_0^n + Q_1^n \overline{Q_0^n}$$

②对比 JK 触发器的特性方程 $Q^{n+1} = J\overline{Q^n} + \overline{K}Q^n$，可得 FF_1 的驱动方程为：

$$J_1 = Q_0^n$$

$$K_1 = Q_0^n$$

同理可得 FF_0 的驱动方程为：

$$J_0 = 1, \quad K_0 = 1$$

（4）由驱动方程画出逻辑电路，如图 5.18 所示。

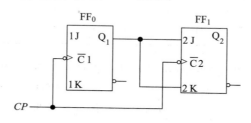

图 5.18　例 5.3 的逻辑电路

（5）检查电路自启动能力。

因为电路包含所有状态，而且状态是一个 00→01→10→11→00 的循环。即电路无论从哪个状态进入循环都可以完成整个循环，因此，可知该电路能够自启动。

（6）使用 Multisim 12，进行电路仿真，仿真电路图如图 5.19 所示。

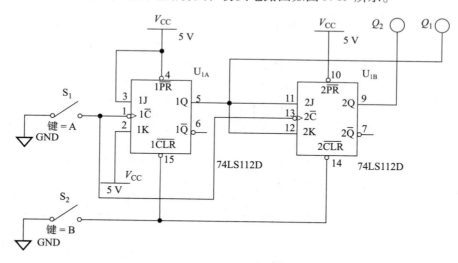

图 5.19　例 5.3 的仿真电路图

3. 异步时序电路的设计举例

异步时序电路的设计方法及步骤与同步时序电路类似，从状态转换图出发，确定驱动方程，画出逻辑电路。但是由于异步时序电路每个触发器的时钟不一样，所以设计异步时序电路时，更需要注意各个支电路之间的配合。

【例 5.4】　试设计异步三位二进制（八进制）加法计数器。

解：根据设计要求，可列出状态转换表，见表 5.5。

表 5.5 例 5.4 的状态转换表

CP	Q_2	Q_1	Q_0
0	0	0	0
1	0	0	1
2	0	1	0
3	0	1	1
4	1	0	0
5	1	0	1
6	1	1	0
7	1	1	1

分析状态转换表中各触发器状态转换的规律，以选择触发器的时钟信号。从状态转换表可见：Q_0 的状态在每输入一个 CP 后，变化一次；Q_1 的状态在每当 Q_0 由 1 变为 0 时出现变化；而 Q_2 的状态变化亦出现在 Q_1 由 1 变为 0 时。因此，根据 FF_0、FF_1、FF_2 的状态变化情况，可以选择 $CP_0 = CP$，$CP_1 = Q_0$，$CP_2 = Q_1$。在选定的时钟信号的作用下，FF_0、FF_1、FF_2 均在各自的时钟跳变时状态翻转，所以选择下降沿触发的 T 触发器组成三位二进制异步加法计数器电路最为简单，逻辑电路如图 5.20（a）所示。如图 5.20（b）所示是其工作波形图。

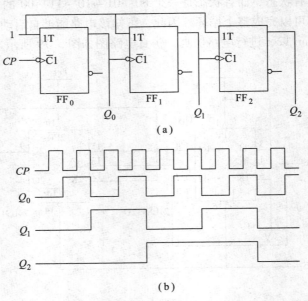

图 5.20 异步三位二进制加法计数器
（a）逻辑电路图；（b）工作波形图

总结一下这类计数器的构成规律。三位二进制加法计数器的 $CP_0 = CP$，$CP_1 = Q_0$，$CP_2 = Q_1$，若是 n 位计数器，除了最低位的 CP（即 $\overline{C}1$ 或 $C1$）端应接计数脉冲 CP 外，高一位的 CP 端应接在相邻低位的 Q 端。即：

$$CP_0 = CP, \quad CP_i = Q_{i-1} \quad (0 < i < n)$$

各触发器之间逐位翻转，因此，这类计数器常称为行波计数器。

Multisim 仿真电路如图 5.21 所示。

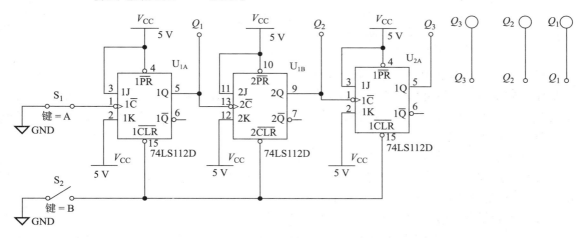

图 5.21　异步三位二进制加法计数器的仿真电路

图 5.22 中，Q_1、Q_2 和 Q_3 通过"绘制"菜单下的"连接器"子菜单中的"在页连接器"进行连接，使电路图结构更为简单、清晰。

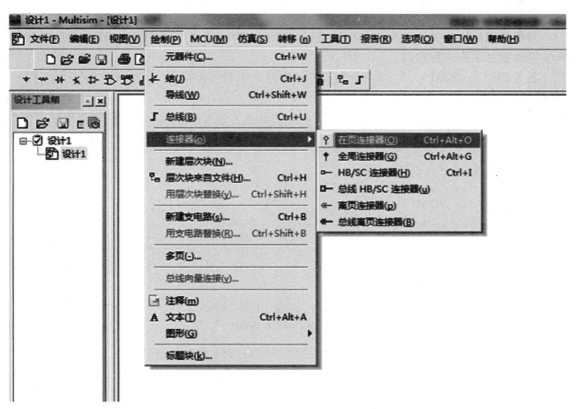

图 5.22　在页连接器的调用

5.2 集成计数器

计数器是一种能够记录脉冲数目的装置，是数字系统中使用最广泛的时序元件。计数器在数字系统中通过对脉冲的个数进行计数，以实现测量、计数和控制的功能。实际生活中，常见的计时器的系统如交通灯、时钟、万年历等，都是用不同进制的计数器构成的。

计数器的种类很多，分类方式也多种多样。

按计数器时钟脉冲输入方式来分，可以分为：同步计数器和异步计数器。

按计数过程中数字增减趋势分，可以分为：加法计数器（递增计数）、减法计数器（递减计数）、可逆计数器（可加可减计数器）。

按计数容量分，可分为：模为 2^n 的计数器和模为非 2^n 的计数器。

从上一节中，可知计数器可以由触发器组成，但是电路结构比较复杂。使用集成计数器搭建计数器，可以降低电路的复杂程度。下面，重点选择其中几种有代表性的集成计数器加以分析和介绍。

5.2.1 同步集成计数器

同步集成计数器的种类有很多，这里以 74LS161 为例具体讲解。74LS161 是 4 位二进制同步可预置加法集成计数器。

图 5.23（a）和图 5.23（b）分别是它的符号表示和引脚排列，其中 $\overline{CR}$ 是异步清零端，$\overline{LD}$ 是预置数控制端，D_0、D_1、D_2、D_3 是预置数据输入端，CT_P 和 CT_T 是计数使能（控制）端，CO（$= CT_T Q_0 Q_1 Q_2 Q_3$）是进位输出端，它的设置为多片集成计数器的级联提供了方便。

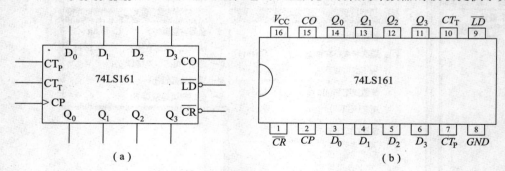

图 5.23　同步二进制计数器 74LS161

（a）符号；（b）引脚排列

表 5.6 为 74LS161 的逻辑功能表。由表可知，74LS161 具有以下功能：

表 5.6　74LS161 的逻辑功能表

输入									输出			
CP	$\overline{CR}$	$\overline{LD}$	CT_P	CT_T	D_3	D_2	D_1	D_0	Q_3	Q_2	Q_1	Q_0
×	0	×	×	×	×	×	×	×	0	0	0	0

输入								输出			
CP	$\overline{CR}$	$\overline{LD}$	CT_P	CT_T	D_3	D_2	D_1	D_0	Q_3	Q_2	Q_1	Q_0
↑	1	0	×	×	D	C	B	A	D	C	B	A
×	1	1	0	×	×	×	×	×	保持			
×	1	1	×	0	×	×	×	×	保持			
↑	1	1	1	1	×	×	×	×	计数			

（1）异步清零。当 $\overline{CR} = 0$ 时，不管其他输入端的状态如何（包括时钟信号 CP），计数器输出将被直接置零，称为异步清零，如图 5.24 所示。

（2）同步预置。当 $\overline{CR} = 1$，且数据输入 $D_3 D_2 D_1 D_0 = DCBA$ 时，若置数控制信号 $\overline{LD} = 0$，在时钟脉冲 CP 的上升沿作用时，完成置数操作，使 $Q_3 Q_2 Q_1 Q_0 = DCBA$。由于这个置数操作是 CP 的上升沿完成的，且 $D_0 \sim D_3$ 的数据同时置入计数器，所以称为同步并行预置。如图 5.25 所示。

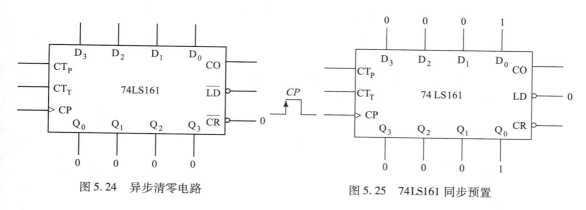

图 5.24　异步清零电路　　　　　图 5.25　74LS161 同步预置

（3）保持。在 $\overline{CR} = \overline{LD} = 1$ 的条件下，当 $CT_T CT_P = 0$，即两个计数使能端中有 0 时，不管有无 CP 脉冲的作用，计数器都将保持原有状态不变（停止计数）。

（4）计数。当 $\overline{CR} = \overline{LD} = CT_T = CT_P = 1$ 时，74LS161 处于计数状态，输出端的状态按自然态序变化。

下面，使用 Multisim 12 仿真 74LS161 的计数功能，得到的结果如图 5.26 所示：

CP 端输入一次脉冲，计数器的输出的值增加 1。当输入 16 个脉冲后，输出显示 0，说明 74LS161 是一个四位二进制计数器。

5.2.2　异步集成计数器

74293 是二 – 八 – 十六进制异步加法计数器。其内部的逻辑电路如图 5.27（a）所示，74293 的引脚排列如图 5.27（b）所示。它由 4 个 T 触发器串接而成，FF_0 为 1 位二进制计数器，FF_1、FF_2 和 FF_3 组成 3 位行波计数器。在实际应用的时候，既可以只用 FF_0 作为二进制计数器，又可以用 FF_1、FF_2 和 FF_3 组成八进制计数器，还可以将 FF_0 与 FF_1、FF_2 和 FF_3 级联起来使用，组成十六进制计数器。其功能表见表 5.7。

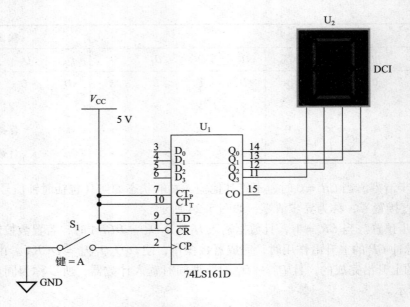

图 5.26　使用 Multisim 12 验证 74LS161 的计数功能

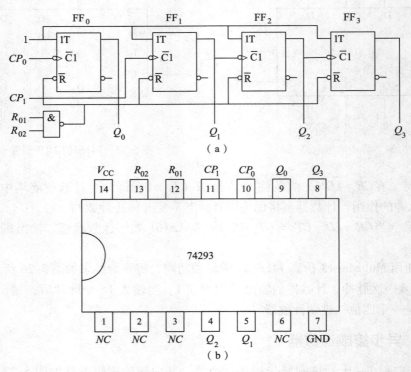

图 5.27　异步二－八－十六进制异步加法计数器 74293

（a）内部的逻辑电路；（b）引脚排列

表 5.7　74293 的功能表

CP_0	CP_1	R_{01}	R_{02}	工作状态
×	×	1	1	清零
↓	0	×	0	FF_0 计数
↓	0	0	×	FF_0 计数
0	↓	×	0	$FF_1 \sim FF_3$ 计数
0	↓	0	×	$FF_1 \sim FF_3$ 计数

74293 分别以 CP_0 和 CP_1 作为计数脉冲的输入端，Q_0、Q_1、Q_2、Q_3 分别为其输出端。因为其内部有两个时钟脉冲，所以该电路可以组成异步计数器。

5.3　任意进制计数器的设计

5.3.1　任意进制计数器的设计方法

理论上，任意进制的计数器都可以被设计出来。但是，出于成本的考虑，市场上常见的计数器主要集中在用量较大的二进制、十进制、十六进制计数器等几种类型。在需要使用其他进制计数器的时候，需要在现有的集成计数器的基础上，外加适当的电路组合而成。

74LS161 是常见的集成四位同步二进制计数器，也就是模十六计数器，用它可构成任意进制计数器。下面，以 74LS161 为例，介绍如何用两种方法构成任意进制计数器。

1. 反馈清零法

反馈清零法是当清零输入端为有效电平时，无论输入什么状态，电路内部触发器状态全部清零。

74LS161 的异步清零端是 $\overline{CR}$，低电平有效。所以，在计数过程中，只要异步清零端 $\overline{CR}=0$，74LS161 的输出会立即回到 0000 状态。这样就会迫使计数器在正常计数的过程中跳过无效状态，实现所需进制的计数器。

【例 5.5】　用 74LS161 同步集成计数器通过反馈清零法构成十进制计数器。

解：因为使用反馈清零法，所以十进制计数器的初始状态应该为 0000。该十进制的状态循环图如图 5.28 所示。

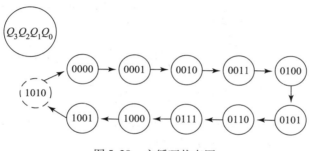

图 5.28　主循环状态图

由图可知，计数器从 $Q_3Q_2Q_1Q_0 = 0000$ 状态开始计数，当输入第 10 个 CP 脉冲，即输出 $Q_3Q_2Q_1Q_0 = 1010$ 时，应该实现异步清零。因此，需要设计一个电路使得 $Q_3Q_2Q_1Q_0 = 1010$ 时，$\overline{CR} = 0$，其他时候，$\overline{CR} = 1$。

如图 5.29（b）所示，电路中加入一个与非门，使得与非门的输出 $Z = \overline{Q_3Q_1}$。在 $Q_3Q_2Q_1Q_0 \neq 1010$ 时，$Z = \overline{Q_3Q_1} = 1$；在 $Q_3Q_2Q_1Q_0 = 1010$ 时，$Z = \overline{Q_3Q_1} = 0$。然后将与非门的输出与 74LS161 的异步清零端 $\overline{CR}$ 连接，就实现了十进制计数器，如图 5.29 所示。

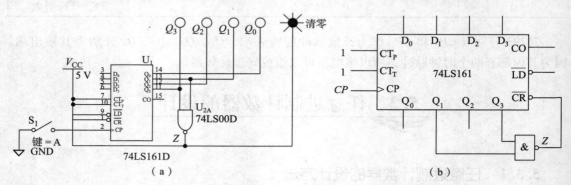

图 5.29 用反馈清零法将 74LS161 接成十进制计数器

（a）仿真电路图；（b）逻辑电路图

2. 反馈置数法

反馈置数法是在预置数控制端有效的情况下，输入一个脉冲，计数器将预置数由预置数输入端置入输出端。

74LS161 的预置输入端是 $D_3D_2D_1D_0$，预置数控制端是 $\overline{LD}$，低电平有效。所以，在计数过程中，只要预置数控制端 $\overline{LD} = 0$，74LS161 的输出 $Q_3Q_2Q_1Q_0 = D_3D_2D_1D_0$，这样就会迫使计数器从预先设置的数开始计数，实现所需进制的计数器。

【例 5.6】 用 74LS161 同步集成计数器通过反馈置数法构成十进制计数器。

解：使用反馈置数法，十进制计数器的初始状态设置为 0000。该十进制的状态循环图如图 5.30 所示。

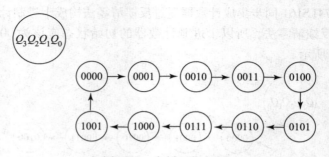

图 5.30 主循环状态图

将 74LS161 的预置数输入设置为 $D_3D_2D_1D_0 = 0000$，然后将与非门的输入端连接到 Q_3 和 Q_0，输出 Z 连接到 $\overline{LD}$。当输入第 9 个 CP 脉冲时，输出 $Q_3Q_2Q_1Q_0 = 1001$。此时与非门的输出 $Z = \overline{Q_3Q_0} = 0$，即 $\overline{LD} = 0$，为 74LS161 同步预置做好准备。在第 10 个 CP 脉冲时，完成同

步预置，使计数器输出 $Q_3Q_2Q_1Q_0 = D_3D_2D_1D_0 = 0000$。接着 $\overline{LD}$ 端的预置数信号也随之消失，74LS161 重新从 0000 状态开始新的计数周期，如图 5.31 所示。

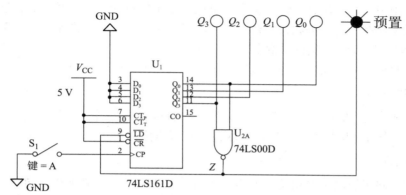

图 5.31　第 10 个脉冲时，电路完成置位清零，回到 0000 状态

因此，用反馈置数法将 74LS161 接成十进制计数器的逻辑电路图如图 5.32 所示。

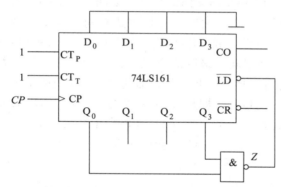

图 5.32　用反馈置数法将 74LS161 接成十进制计数器的逻辑电路图

需要说明的是，因为 0000 状态是由反馈置数得到的，所以反馈置数操作可以在 74LS161 计数循环状态（0000～1001）中的任何一个状态下进行。例如，可以将预置数设为 $D_3D_2D_1D_0 = 0001$，那么计数器就可以从 1 开始计数，如图 5.33 所示即为从 1 开始计数的十进制计数器。

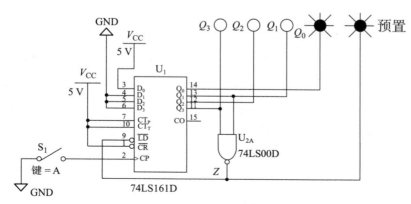

图 5.33　预置数是 1 的十进制计数器

5.3.2 级联计数器

在实际应用中，需要用到的计数循环数可能会多于集成计数器的状态数，这时就需要多片集成计数器连接在一起。例如，一片 74LS161 最大可以实现十六进制，两片 74LS161 就可以完成最多 $16 \times 16 = 256$ 进制的计数器。

级联分为两种：同步级联和异步级联。下面，以 74LS161 为例分别介绍。

1. 同步级联

同步级联顾名思义就是所有 74LS161 的 CP 端接在同一个 CP 脉冲信号上，即所有 74LS161 由同一个时钟信号控制。同步级联也叫并行连接方式。

2. 异步级联

异步级联与同步级联正好相反，电路中所有 74LS161 的 CP 端接在不同的 CP 脉冲信号上。即所有 74LS161 不受同一个时钟信号控制。异步级联也叫串行连接方式。

【例 5.7】 用 74LS161 组成 256 进制的计数器。

解： 因为 $256 > 16$，且 $256 = 16 \times 16$，所以需要两片 74LS161 构成此计数器。每片计数器均接成十六进制计数器。片与片之间的连接方式有同步级联（低位片的进位信号作为高位片的使能信号）和异步级联（低位片的进位信号作为高位片的时钟脉冲）两种。

如图 5.34（a）所示是用同步级联的方式连接的 256 进制的计数器。两片 74LS161 的 CP 端接在同一个时钟脉冲 CP 上。低位片，即片（1）的使能端 $CT_T = CT_P = 1$，因此，片（1）一直处于计数状态。高位片，即片（2）的使能端 CT_P、CT_T 接到低位片的进位输出端 CO，因而只有片（1）的 $CO = 1$ 时，片（2）才能处于计数状态。在下一个计数脉冲后，片（2）计入一个脉冲，片（1）由状态 1111 变回 0000，进位标志 $CO = 0$，片（2）停止计数。

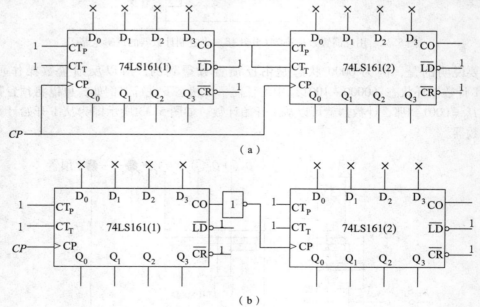

图 5.34 例 5.7 的逻辑电路

(a) 同步级联方式；(b) 异步级联方式

即片（1）计16个数，片（2）才计1个数，实现了256进制的计数。

图5.34（b）所示是以异步级联方式连接的256进制计数器。由图可见，两片74LS161的 *CP* 端不接在同一时钟脉冲 *CP* 信号上。片（1）的 *CP* 端接外部时钟脉冲，片（2）的 *CP* 端接片（1）的进位输出信号 *CO* 经反相器反相后的信号。即 *CO* 信号状态从1变到0时，片（2）的 *CP* 信号状态从0变到1（上升沿），这时片（2）计数一次，实现了256进制的计数。

5.4 课堂实验一：六进制计数的仿真

5.4.1 实验目的

（1）了解六进制计数的原理。
（2）掌握时序逻辑电路的设计方法。
（3）使用 Multisim 12，完成时序逻辑电路的设计与验证。

5.4.2 实验器材

1片74LS161、1片译码显示电路、1片与非门电路、1个开关。

5.4.3 实验过程

1. 设置仿真环境

单击"仿真（S）"菜单中的"混合模式仿真设置（M）"，如图5.35所示。

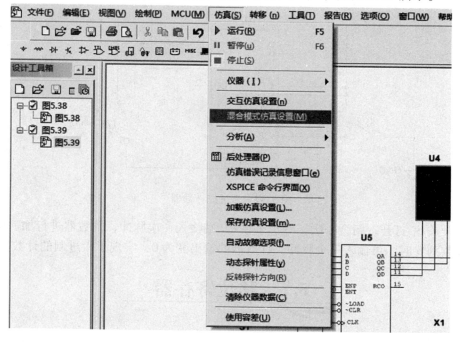

图5.35 设置仿真环境

在打开的对话框中选中"使用真实管脚模型（仿真准确率更高 – 要求电源和数字地）（R）"，单击"确认"按钮，如图 5.36 所示。设置完成后，电路引脚悬空就为高电平，与真实芯片情况相同。

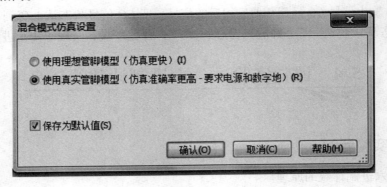

图 5.36　混合模式仿真设置

2. 搭建六进制计数器

选取元件：74LS161D、74LS00D、DGND、V_{CC}、DIPSW1、DCD_HEX。搭建电路如图 5.37 所示。

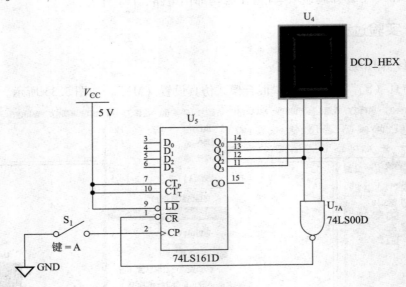

图 5.37　六进制计数器

每次开关 S_1 打开、闭合一次，等价于在 CP 端输入一次脉冲，计数器进行加一操作。当计数器计数到 6 时，再输入一个脉冲，计数器的输出变为 0，实现了六进制的计数器。

5.5　移位寄存器

在数字系统中，用来存放二进制数据或指令代码的电路称为寄存器。寄存器由具有记忆存储功能的触发器构成。每个触发器能存储 1 位二进制数，如果需要存放 n 位二进制，就需要 n 个触发器。

因为所有寄存器都可以存储数据，部分寄存器还具有移位功能，所以在数据的串并转化、数值运算、数据处理等方面被广泛应用。

寄存器按照是否具有移位功能分为数码寄存器和移位寄存器两种。它们都可以存放数码，移位寄存器除了这个功能外还具有将数码移位的功能。

5.5.1 数码寄存器

寄存器在数字系统中，常用于暂时存放数据。所以必须有以下 3 个方面的功能：数码要存得进去；数码存进去之后要保持得住，即数码要"记"得住；存进去的数码要能取得出来。

因此，寄存器中除了触发器外，通常还有一些用于控制的门电路。实际应用中，习惯于用集成的寄存器。图 5.38 是中规模集成 8 位上升沿 D 寄存器 74LS273 的符号和引脚排列，其内部包括 8 个 D 触发器。$D_7 \sim D_0$ 为输入端，$Q_7 \sim Q_0$ 为输出端；CP 是公共时钟脉冲端，控制 8 个触发器同步工作；$\overline{CR}$ 为公共清零端。

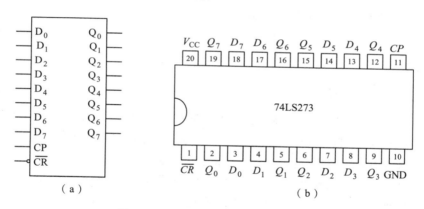

图 5.38 74LS273 的符号和引脚排列

（a）符号；（b）引脚排列

当时钟脉冲 CP 上升沿到来时，若 $\overline{CR} = 1$，数据从 $D_7 \sim D_0$ 端同时输入，从 $Q_7 \sim Q_0$ 端输出，即 $Q_7 = D_7$、$\cdots$、$Q_0 = D_0$；若 $\overline{CR} = 0$，无论脉冲是否到来，寄存器都清零。其功能见表 5.8。

表 5.8 74LS273 的功能表

$\overline{CR}$	CP	D_i	Q_i	工作状态
0	×	×	0	清零
1	↑	0	0	锁存 0
1	↑	1	1	锁存 1

仿真电路如图 5.39 所示。

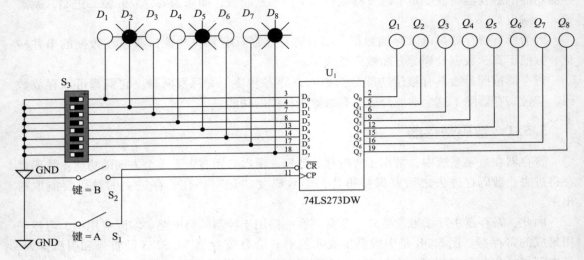

图 5.39　74LS273 的 $\overline{CR}$ 的清零功能

按下开关 S_2，74LS273 强制清零，输出全部设置为 0。

打开开关 S_2，停止强制清零。然后，闭合、打开开关 S_1 一次，等价于在 CP 端输入一次脉冲。结果显示，$Q_7 = D_7$、$\cdots$、$Q_0 = D_0$，实现了锁存功能。

5.5.2　移位寄存器

移位寄存器是一类这样的寄存器：它除了有能存储数据的功能外，还可以使数码移位。移位操作时，在 Q_1 脉冲的控制作用下，寄存器里存放的数据会依次由低位向相邻高位移动，称之为左移；或者由高位向相邻低位移动，称之为右移。

移位寄存器按移位方式分类，可分为单向移位寄存器和双向移位寄存器。其中单向移位寄存器具有左移或右移的功能，双向移位寄存器则兼有左移和右移的功能。移位寄存器的种类有很多，这里重点介绍其中的一类——单向移位寄存器。18 位单向移位寄存器 74LS164 的符号和引脚排列如图 5.40 所示。

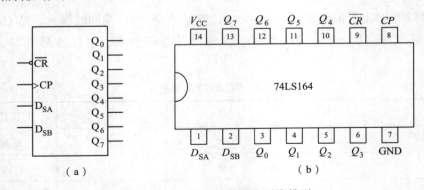

（a）　　　　　　　　　　　（b）

图 5.40　74LS164 的符号和引脚排列

（a）符号；（b）引脚排列

74LS164 是一个串行输入、并行输出的 8 位单向移位寄存器。$\overline{CR}$ 是异步清零端，D_{SA}、D_{SB} 是串行数据输入端，在时钟脉冲 CP 到来时，Q_0 的值取决于 D_{SA} 和 D_{SB} 的状态。

74LS164 逻辑功能见表 5.9。由表可知，当 $D_0 = 0$ 时，每来一个 CP 脉冲后，$Q_0 = 0$；当 $D_0 = 1$ 时，每来一个脉冲后，$Q_0 = 1$，同时在 CP 的上升沿，数据向高位右移一位。8 个时钟脉冲后，串行输入的 8 位数据全部移入寄存器中，寄存器从 $Q_7 \sim Q_0$ 输出并行数据。该寄存器将一个时间排列的数据转换成一个存放在寄存器中的信息。

表 5.9　74LS164 的功能表

$\overline{CR}$	CP	D_0	Q_0	Q_1	…	Q_7
0	×	×	0	0	…	0
1	↑	0	0	Q_0	…	Q_6
1	↑	1	1	Q_0	…	Q_6

5.6　课堂实验二：流水灯

5.6.1　实验目的

（1）了解流水灯的原理。
（2）掌握移位寄存器的工作原理。
（3）使用 Multisim 12，完成流水灯电路的设计与验证。

5.6.2　实验器材

1 片 74LS164，1 个开关，1 个与非门电路 74LS00，1 个与非门电路 74LS20，8 个 LED 灯。

5.6.3　实验过程

1. 设置仿真环境
与本项目中的课堂实验一相同。

2. 搭建十进制计数器
选取下列元件：74LS164D、74LS00D、74LS20D、DGND、V_{CC}、DIPSW1、PROBE_ DIG_ BLUE 搭建电路如图 5.41 所示，电路是由 74LS164、74LS00 和 74LS20 共同组成的流水灯电路，每次开关闭合、打开，指示灯就依次点亮，实现了流水灯的效果。

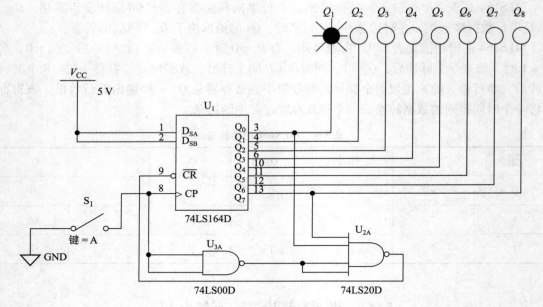

图 5.41　由 74LS164 组成的流水灯电路

5.7　任务：秒进制计数器的设计

5.7.1　任务目标

（1）了解六十进制计数的原理。

（2）掌握时序逻辑电路设计方法。

（3）使用 Multisim 12，完成时序逻辑电路的设计与验证。

5.7.2　任务内容

秒计数器实际上就是一个六十进制计数器，即计数状态从 00 0000～11 1100。故设计电路时，一片 74LS161 就不够用了，需要两片 74LS161 级联。又由于计数的起始状态是 0000，所以在电路的设计中采用的是反馈清零法来实现六十进制功能。秒计数器（即六十进制计数器）的原理电路如图 5.42 所示。图中 74LS161（1）是低位片，是一个十进制计数器，74LS161（2）是高位片，是一个六进制计数器。在本图中没有画出数码显示的电路，在后面仿真中会有电路的连接形式。

5.7.3　仿真测试

1. 设置仿真环境

与本项目中的课堂实验一相同。

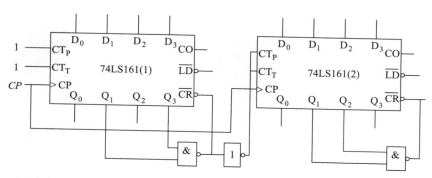

图 5.42 六十进制计数器的电路原理

2. 搭建十进制计数器

选取下列元件：74LS161D、74LS00D、DGND、V_{CC}、DIPSW1、DCD_HEX，搭建电路如图 5.43 所示。

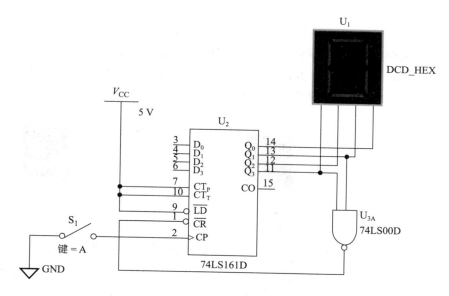

图 5.43 十进制计数器

每次开关 S_1 打开、闭合一次，等价于在 CP 端输入一次脉冲，计数器进行加一操作。当计数器计数到 9 时，再输入一个脉冲，计数器的输出变为 0，实现了十进制的计数器。

3. 实现进位功能

增加以下元件：74LS161D、74LS00D、DCD_HEX、PROBE_DIG_BLUE，搭建电路如图 5.44 所示。右边的 74LS161 是计数器的低位片，其输出 Q_3 和 Q_0 经过两个与非门组成的与门后，连接到 CT_P 和 CT_T。当右边的 74LS161 计数为 9 的时候，$Q_3 = 1$ 和 $Q_0 = 1$，CT_P 和 CT_T 的值为 $Q_3 \cdot Q_0 = 1$。这时，CP 端输入一个脉冲，右边的计数器清零，左边的计数器加一，实现了进位功能。

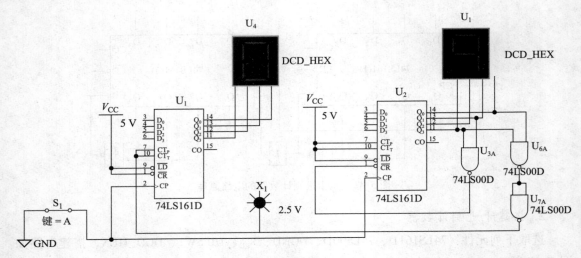

图 5.44　带进位的计数器

4. 实现六十进制

增加元件 74LS00D。如图 5.45 所示，左边 74LS161 输出的 Q_2 和 Q_1 连接到一个与非门的输入，此与非门的输出接回左边 74LS161 的 $\overline{CR}$。当左边的 74LS161 计数到 6 时，$Q_2 = 1$ 且 $Q_1 = 1$，左边 74LS161 的异步清零端 $\overline{CR} = 0$，实现了六十进制计数。

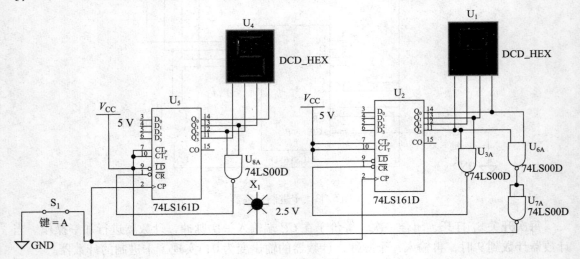

图 5.45　六十进制计数器

5. 自动计数功能

增加元件 CLOCK_VOLTAGE。连接电路如图 5.46 所示。图中，使用 CLOCK_VOLTAGE 时钟信号代替开关输入脉冲，将时钟信号的频率调到 50 Hz 左右，可看到计数器依次加 1，计数到 60 自动清零。

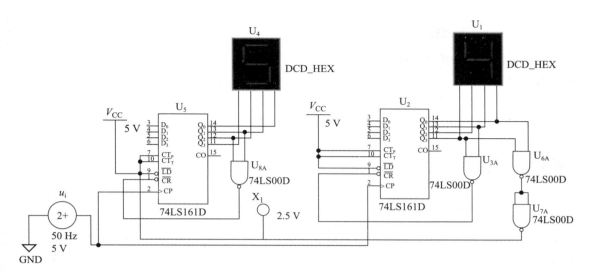

图 5.46 六十进制计数器自动计数

5.7.4 材料设备

制作秒计数器（即六十进制计数器）所需材料清单见表 5.10。

表 5.10 秒计数器材料清单

名称	型号规格	数量
集成计数器	74LS161	2
七段显示器（共阴极）	DCD_HEX	2
译码器	74LS48D	1
与非门	74LS00D	1
电阻器	100Ω	14
其他	数字电路实验箱	1

5.7.5 任务步骤

（1）观察 74LS161、74LS48、74LS00 和数码管的外部形状，并区分引脚。

（2）用万用表检测元件质量的好坏，并进行筛选。

（3）按照图 5.42 所示的秒计数器的（六十进制）电路原理，在实验箱上正确连接电路。

（4）电路调试。

①通电前检查：对照电路原理图检查 74LS161、74LS48、74LS00 和数码管的连接极性以及电路的连线是否正确。

②试通电：接通 5 V 电源，观察电路的工作情况，如正常则进行下一步检查。

③通电观测：观察秒计数器能否正常工作。

5.7.6 任务总结

该任务是通过应用 74LS161 得到秒计数器，即六十进制计数器。通过该任务，应更加了解集成计数器 74LS161 的工作原理，对 Multisim 12 软件仿真有更深的理解和应用，并通过自己动手在实验箱上搭建电路，锻炼动手能力。除此之外，六十进制计数器还有很多种设计方法，请思考一下如何用 74LS160 构成六十进制计数器。

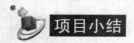 项目小结

（1）时序逻辑电路在任何一个时刻的输出状态不仅取决于当时的输入信号，还与电路的原状态有关。时序逻辑电路通常由组合电路及存储电路两部分组成。其中存储电路能将电路的状态记忆下来，因此，时序电路中必须含有记忆功能的存储器件，触发器是最常用的存储器件。

（2）描述时序逻辑电路功能的方法有逻辑方程组（含驱动方程、状态方程和输出方程）、状态转换图、状态转换真值表和时序图等，它们各具特色、各有所用，且可以相互转换。

就工作方式而言，时序电路可分为同步时序电路和异步时序电路两类。它们的主要区别是：在同步时序电路的存储电路中，所有触发器的 CP 端均受同一时钟脉冲源控制，而在异步时序电路中，各触发器的 CP 端受不同的触发脉冲控制。

（3）时序逻辑电路的分析和设计是两个相反的过程，时序逻辑电路的分析是由给定的时序逻辑电路写出逻辑方程组，列出状态表，画出状态图或时序图，指出电路逻辑功能的过程。时序逻辑电路的设计是根据要求实现的逻辑功能，作出原始状态图或原始状态表，然后进行状态化简和状态编码，再求出所选触发器的驱动方程、时序电路的状态方程和输出方程，最后画出设计好的逻辑电路图的过程。

（4）计数器是一种简单而又最常用的时序逻辑器件，其在计算机和其他数字系统中起着非常重要的作用。计数器不仅能用于统计输入时钟脉冲的个数，还能用于分频、定时、产生节拍脉冲等。

（5）用已有的 M 进制集成计数器可以构成 N（任意）进制的计数器。当 $M > N$ 时，用一片 M 进制计数器，采取反馈清零法或反馈置数法，跳过 $M - N$ 个状态，就可以得到 N 进制的计数器了。当 $M < N$ 时，要用多片 M 进制计数器级联起来，才能构成 N 进制计数器。各级之间的连接方式可分为并行进位、串行进位、整体反馈清零和整体反馈置数等几种方式。

（6）寄存器是一种常用的时序逻辑器件。寄存器分为数码寄存器和移位寄存器两种，移位寄存器又分为单向移位寄存器和双向移位寄存器。集成移位寄存器使用方便、功能全、输入和输出方式灵活。用移位寄存器可实现数据的串行－并行转换，组成环形计数器、扭环形计数器等。

 思考与习题

5－1　时序逻辑电路由哪几部分组成？它和组合逻辑电路的区别是什么？时序逻辑电路可分为哪两大类？

5－2　时序逻辑电路的分析过程大致分为哪几步？

5－3　试分析图5.47（a）所示的时序逻辑电路，画出其状态表和状态图。设电路的初始状态为0，试画出在图5.47（b）所示波形作用下，Q 和 Z 的波形。

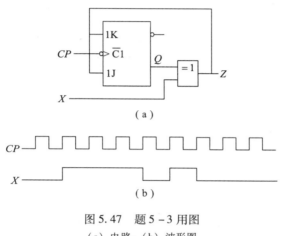

图5.47　题5－3用图
（a）电路；（b）波形图

5－4　试分析如图5.48所示电路的逻辑功能，写出驱动方程、状态方程，画出状态转换表，并说明电路是几进制计数器。

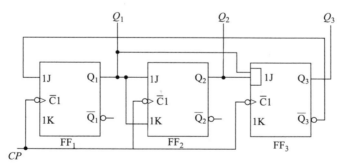

图5.48　题5－4用图

5－5　试用4位二进制加法计数器74LS161构成十二进制计数器。

5－6　试用两片74LS161设计一个二十四进制计数器。

项目六

555报警电路的设计

📲 项目摘要

555 集成电路又叫 555 定时器或 555 时控电路，是一种多用途的集成电路，利用它可方便地构成单稳态触发器、施密特触发器、多谐振荡器。555 集成电路配以外部元件可以构成多种实际应用电路，广泛应用于多种波形的产生与变换、测量与控制、家用电器、电子玩具等电子设备中。

📲 学习目标

- 理解 555 集成电路的电路结构和工作原理；
- 掌握 555 集成电路构成单稳态触发器和工作原理及应用；
- 掌握 555 集成电路构成施密特触发器和工作原理及应用；
- 掌握 555 集成电路构成多谐振荡器和工作原理及应用。

6.1　555 定时器简介

555 定时器是一种多用途的数字–模拟混合集成电路。自从 Signetics 公司于 1972 年推出这种产品以后，国际上主要的电子器件公司也都相继地生产了各自的 555 定时器产品。尽管产品型号繁多，但是所有双极型产品型号最后的 3 位数码都是 555，所有 CMOS 产品型号最后的 4 位数码都是 7555，而且它们的功能和外部引脚排列完全相同。

6.1.1　555 定时器的电路结构

555 定时器的电路结构简单、使用方便灵活、用途广泛。只要外部配接几个阻容元件，就可方便地构成单稳态触发器、施密特触发器、多谐振荡器。

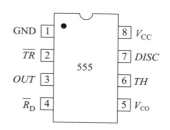

图 6.1　555 定时器的引脚排列

555 定时器采用双列直插式封装，共有 8 个引脚，如图 6.1 所示。每个引脚的功能如下所述：

1 脚为接地端 GND。

2 脚为低电平触发端 $\overline{TR}$。当 V_{co} 端不外接电源，且此端电位低于 $V_{CC}/3$ 时，内部的电压比较器 A_1 输出低电平（见图 6.2），反之输出高电平（2 脚和 6 脚是互补的，2 脚只对低电平起作用，高电平对它不起作用，即电压小于 $V_{CC}/3$ 时，3 脚输出高电平）。

3 脚为输出端 OUT。

4 脚为复位端 $\overline{R}_D$。此端输入低电平可使输出端为低电平，正常工作时应接高电平。

5 脚为电压控制端 V_{co}。此端外接一个参考电源时，可以改变上、下两比较器的参考电平值，无输入时，$V_{co} = 2V_{CC}/3$。

6 脚为高电平触发端 TH。当 V_{co} 端不外接参考电源，且此端电位高于 $2V_{CC}/3$ 时，内部的电压比较器 A_1 输出低电平，反之输出高电平（6 脚只对高电平起作用，低电平对它不起作用，即输入电压大于 $2V_{CC}/3$，称高触发端，3 脚输出低电平，但有一个先决条件，即 2 脚电压必须大于 $V_{CC}/3$ 时才有效）。

7 脚为放电端 $DISC$。（与 3 脚输出同步，输出电平一致，但 7 脚并不输出电流，所以 3 脚称为实高（或低）、7 脚称为虚高。）当内部的晶体管 VT（见图 6.2）导通时，外电路电容上的电荷可以通过它释放。该端也可以作为集电极开路输出端。

8 脚为电源端 V_{CC}。

6.1.2　555 定时器的工作原理

如图 6.2 所示为 555 定时器的内部元件结构图。A_1 和 A_2 为两个比较器。比较器芯片的特点是：当其正（+）输入上的电压大于负（−）输入上的电压时，输出就是高电平，而当负输入上的电压大于正输入上的电压时，输出就是低电平。分压器由 3 个 $5k\Omega$ 电阻组成，提供 $V_{CC}/3$ 的触发电平及 $2V_{CC}/3$ 的阈值电平，控制电压输入（5 脚 V_{co}）。可以根据需要，用来在外部把触发和阈值电平变为其他的值。通常情况下，当高电平触发输入暂时低于 $V_{CC}/3$ 时，比较器 A_2 的输出就从低电平变为高电平，并且是 RS 锁存器置位，使得输出（3 脚 OUT）变为高电平并且使放电晶体管 VT 截止。输出将保持在高电平，直至正常的低电平阈值输入高于 $2V_{CC}/3$，并且使得比较器 A_1 的输出从低电平变为高电平。这时锁存器复位，使得输出回到低电平，并且使放电晶体管 VT 导通。外部的复位输入可以用来复位锁存器，此时锁存器独立于阈值电路。触发和阈值输入（2 脚 $\overline{TR}$ 和 6 脚 TH）由外部连接的元件来控制，从而产生单稳态或者非稳态的效果。555 定时器的逻辑功能见表 6.1。

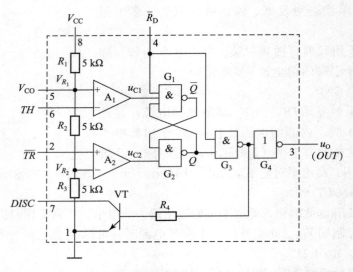

图 6.2　555 定时器的内部件结构图（部分引脚编号在括号内）

表 6.1　555 定时器的逻辑功能表

输入			输出	
TH	$\overline{TR}$	$\overline{R}_{\mathrm{D}}$	u_{O}	VT 状态
×	×	0	0	导通
$> 2V_{\mathrm{CC}}/3$	$> V_{\mathrm{CC}}/3$	1	0	导通
$< 2V_{\mathrm{CC}}/3$	$< V_{\mathrm{CC}}/3$	1	1	截止
$< 2V_{\mathrm{CC}}/3$	$> V_{\mathrm{CC}}/3$	1	不变	不变

6.2　555 定时器的应用

555 定时器芯片因外围电路连接形式不同，可以有 3 种不同的工作模式。

（1）单稳态模式构成单稳态触发器，用于定时、延时、整形及一些定时开关中。

（2）双稳态模式构成施密特触发器，用于 TTL 系统的接口、整形电路或脉冲鉴幅等。

（3）无稳态模式构成多谐振荡器，组成信号产生电路。

555 应用电路采用这 3 种方式中的一种或多种组合起来，可以组成各种实用的电子电路，如定时器、分频器、元件参数和电路检测电路、玩具游戏机电路、音响报警电路、电源交换电路、频率变换电路、自动控制电路等。

6.2.1　单稳态触发器

单稳态模式：在此模式下，555 的功能为单次触发。应用范围包括定时器、脉冲丢失检测、反弹跳开关、轻触开关、分频器、电容测量、脉冲宽度调制（PWM）等。

图 6.3 为由 555 定时器和外接定时元件 R、C 构成的单稳态触发器。D 为钳位二极管，

稳态时 555 电路输入端处于电源电平，内部放电晶体管 VT 导通，输出端（OUT）输出 u_O 为低电平。当有一个外部负脉冲触发信号加到 u_i，并使 2 脚电位瞬时低于 $V_{CC}/3$ 时，内部的比较器 A_2 动作，单稳态电路即开始一个稳态过程，电容 C 开始充电，u_C 按指数规律增长。当 u_C 充电到 $2V_{CC}/3$ 时，高电平比较器动作，比较器 A_1 翻转，输出 u_O 从高电平返回低电平，放电开关管 VT 重新导通，电容 C 上的电荷很快经 VT 放电，暂态结束，恢复稳定，为下个触发脉冲的来到做好准备。波形图如图 6.4 所示。

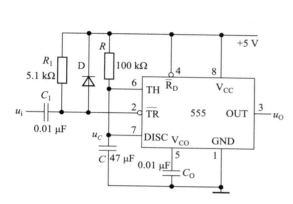

图 6.3　外接定时元件 R、C 构成的单稳态触发器

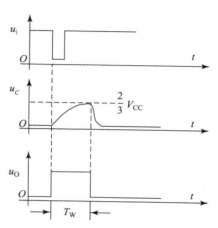

图 6.4　单稳态触发器的波形图

暂稳态的持续时间 T_W（即为延时时间）决定于外接元件 R、C 的大小，$T_W = 1.1RC$。通过改变 R、C 的大小，可使延时时间在几微秒到几十分钟之间变化。当这种单稳态电路作为计时器使用时，可直接驱动小型继电器，并可采用复位端接地的方法来终止暂态，重新计时。此外需用一个续流二极管与继电器线圈并接，以防继电器线圈反电势损坏内部晶体管。

6.2.2　施密特触发器

施密特触发器有两个稳定状态，是一种双稳态触发器。

双稳态模式（或称施密特触发器模式）：在 7 脚悬空且不外接电容的情况下，555 的工作方式类似于一个 RS 触发器，可用于构成锁存开关。

1. 电路组成

由 555 构成的施密特触发器的电路非常简单，把 2 脚和 6 脚接在一起作为输入端即可。7 脚悬空。如图 6.5 所示。

施密特触发器的特点：

（1）属于电平触发，可以把变化非常缓慢的信号变成边沿很陡的矩形脉冲。

（2）输入信号从小变到大和从大变到小的阈值电压不同。

（3）输出的两种稳定状态都需要依赖输入信号来维

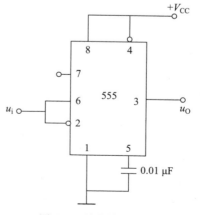

图 6.5　施密特触发器

持，没有记忆功能。

2. 工作原理分析

（1）u_i 增加时：当 $u_i < \frac{1}{3}V_{CC}$ 时，$u_o = 1$；当 $\frac{1}{3}V_{CC} < u_i < \frac{2}{3}V_{CC}$ 时，$u_o = 1$；当 $u_i > \frac{2}{3}V_{CC}$ 时，$u_o = 0$。可以认为，输入增加时，输出翻转的阈值电压为 $\frac{2}{3}V_{CC}$。

（2）u_i 减小时：当 $u_i > \frac{2}{3}V_{CC}$ 时，$u_o = 0$；当 $\frac{1}{3}V_{CC} < u_i < \frac{2}{3}V_{CC}$ 时，$u_o = 0$；当 $u_i < \frac{1}{3}V_{CC}$ 时，$u_o = 1$。可以认为，输入减小时，输出翻转的阈值电压为 $\frac{1}{3}V_{CC}$。

图 6.6 所示是施密特触发器的电压传输特性曲线。在输入电压上升的过程中，输出 u_o 由高电平跳变到低电平时的输入电压称为正向阈值电压，用 U_+ 表示；在输入电压下降的过程中，输出 u_o 由低电平跳变到高电平时的输入电压称为负向阈值电压，用 U_- 表示。从图中可以看出，U_+ 与 U_- 是不同的，具有滞回特性。$\Delta U = U_+ - U_-$，其称为滞回电压或回差。图 6.7 所示为阈值电压可调的施密特触发器电路。

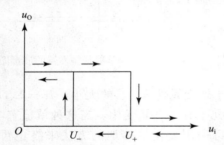

图 6.6　施密特触发器的电压传输特性曲线

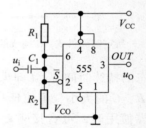

图 6.7　阈值电压可调的施密特触发器电路

施密特触发器能将边沿变化缓慢的波形整形为边沿陡峭的矩形脉冲。同时由于具有回差特性，有较强的抗干扰能力。

6.2.3　多谐振荡器

多谐振荡器又称为无稳态触发器，它没有稳定的输出状态，只有两个暂稳态。电路处于某一暂稳态后，经过一段时间可以自行触发翻转到另一暂稳态。两个暂稳态自行相互转换而输出一系列矩形波。多谐振荡器可用作方波发生器。在此模式下，555 以振荡器的方式工作，常被用于频闪灯、脉冲发生器、逻辑电路时钟、音调发生器、脉冲位置调制（PPM）等电路中。如果使用热敏电阻作为定时电阻，555 可构成温度传感器，其输出信号的频率由温度决定。

如图 6.8（a）所示为多谐振荡器电路，接通电源后，假定是高电平，则 555 内部的放电晶体管 VT 截止，电容 C 充电。充电回路是 V_{CC}—R_1—R_2—C—地，按指数规律上升，当上升到 $2V_{CC}/3$ 时（TH 端电平大于 u_C），输出翻转为低电平。u_o 是低电平，VT 导通，C 放电，放电回路为 C—R_2—VT—地，按指数规律下降，当下降到 $V_{CC}/3$ 时（TH 端电平小于 u_C），输出翻转为高电平，放电晶体管 VT 截止，电容再次充电，如此周而复始，产生振荡。波形

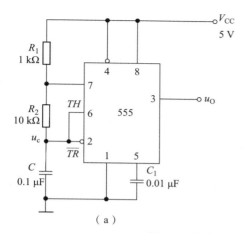

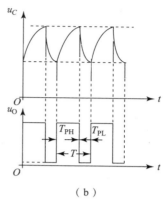

图 6.8　多谐振荡器电路和工作波形

（a）电路；（b）工作波形

如图 6.8（b）所示。经分析可得：输出高电平的时间 $T_{PH} = (R_1 + R_2) C \ln 2$ ；输出低电平的时间 $T_{PL} = R_2 C \ln 2$ ；振荡周期 $T = (R_1 + 2R_2) C \ln 2$ 。

如图 6.9 所示电路是占空比可调的多谐振器，输出高电平时间 $T_{PH} = (R_1 + R_{A'}) C \ln 2$ ，输出低电平时间 $T_{PL} = (R_2 + R_{B'}) C \ln 2$ ，振荡周期 $T = (R_A + R_B) C \ln 2$ 。

6.2.4　几种常用的 555 简单电路

1. 555 触摸定时开关

如图 6.10 所示，555 定时器在这里接成单稳态电路。平时由于金属片 P 无感应电压，电容 C_1 通过 555 的 7 脚放电完毕后，3 脚输出为低电平，继电器 KS 释放，电灯不亮。

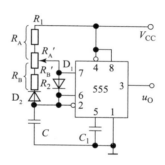

图 6.9　占空比可调的多谐振荡器

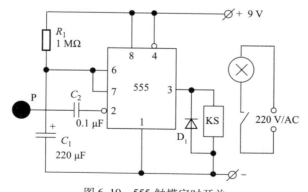

图 6.10　555 触摸定时开关

当需要开灯时，用手触碰一下金属片 P，人体感应的杂波信号电压由 C_2 加至 555 的低电平触发端，使 555 的输出由低电平变成高电平，继电器 KS 吸合，电灯点亮。同时，555 的 7 脚截止，电源便通过 R_1 给 C_1 充电，这就是定时的开始。

当电容 C_1 上的电压上升至电源电压的 2/3 时，555 的 7 脚导通，使 C_1 放电，3 脚输出由高电平变回低电平，继电器释放，电灯熄灭，定时结束。

定时长短由 R_1、C_1 决定：$T = 1.1R_1C_1$。按图中所标数值，定时时间约为 4min。D_1 可选用 1N4148 或 1N4001。

2. 相片曝光定时器

如图 6.11 所示电路是用 555 单稳态电路制成的相片曝光定时器。用人工启动式单稳态电路。其工作原理为：电源接通后，定时器进入稳态。此时定时电容 C_T 的电压为：$u_{C_T} = V_{CC} = 6V$。对 555 这个等效触发器来讲，两个输入都是高电平，即 $u_O = 0$。继电器 KA 不吸合，常开点是打开的，曝光照明灯 HL 不亮。

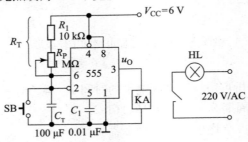

图 6.11　相片曝光定时器

按一下按钮开关 SB 之后，定时电容 C_T 立即放电到电压为零。于是此时 555 电路等效触发的输入为：$R = 0$、$S = 0$，它的输出就呈高电平：$u_O = 1$。继电器 KA 吸动，常开接点闭合，曝光照明灯点亮。按钮开关按一下后立即放开，于是电源电压就通过 R_T 向电容 C_T 充电，暂稳态开始。当电容 C_T 上的电压升到 $2V_{CC}/3$ 即 4V 时，定时时间已到，555 等效电路触发器的输入为：$R = 1$、$S = 1$，于是输出又翻转成低电平：$u_O = 0$。继电器 KA 释放，曝光灯 HL 熄灭。暂稳态结束，又恢复到稳态。

曝光时间计算公式为：$T = 1.1R_TC_T$。本电路提供参数的延时时间为 1s ~ 2min，可由电位器 R_P 调整和设置。

电路中的继电器必须选用吸合电流不大于 30mA 的产品，并应根据负载（HL）的容量大小选择继电器的触点容量。

3. 简易催眠器

如图 6.12 所示为简易催眠器。555 构成一个极低频振荡器，输出一个个短的脉冲，使扬声器发出类似雨滴的声音。扬声器采用 2 英寸[①]、8Ω 的小型动圈式扬声器。雨滴声的速度可以通过 100kΩ 电位器来调节到合适的程度。如果在电源端增加一简单的定时开关，则可以在使用者进入梦乡后及时切断电源。

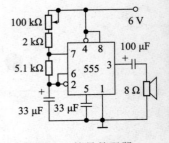

图 6.12　简易催眠器

4. 门控灯开关

该控制电路（如图 6.13 所示）的核心是 555 定时器和 D 触

①　1 英寸 = 0.025m。

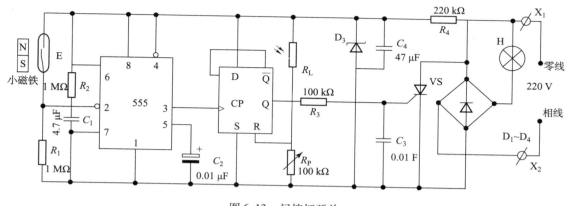

图 6.13 门控灯开关

发器。555 定时器接成单稳态触发器，去除触点跳动对电路工作的影响，D 触发器接成 T′触发器，利用其输出去控制可控硅 VS 的开通和关闭，从而控制电灯的亮和灭。平时当房门关闭时，安装在门扇边缘的小磁铁正好靠在干簧管 E 旁边，干簧管的两常开触点受外磁力作用吸合，单稳态电路因输入脉冲为高电平而处于待触发状态，此时双稳态电路的输出为低电平，可控硅因无触发电流而阻断，灯不亮。当有人推门时，小磁铁会随门扇离开干簧管，干簧管的常开触点会因暂时失去外磁力作用而靠自身弹力张开、吸合一次。实际上，由于干簧管的触点的抖动，要重复几次这种张开、吸合的过程。单稳态触发器的 CP 端能够在干簧管的触点第一次张开时获得一负脉冲触发信号，使单稳态触发器翻转为暂稳态，其输出由低电平变为高电平。此时，555 内部的电容器 C 经 R 充电，复位端 R 电位上升，当上升到复位电平的 2/3 时，单稳态触发器复位，Q 恢复为低电平。

单稳态电路的时间常数 $T = 1.1RC$，它能有效地将干簧管的具有抖动信号现象的脉冲信号展宽为单个脉冲，此正脉冲同时加至 T′触发器的 CP 端，其输出由低电平变为高电平，可控硅的控制极获得正向触发电流而导通，电灯通电发光。当进来的人离开时，随着门的再一次打开、关闭，干簧管重复同样的动作，单稳态触发器同样输出一正脉冲信号，于是 T′触发器再次翻转为低电平，可控硅失去触发电流并在交流电过零时关断，电灯自动熄灭。光敏电阻 R_L 和可调电阻 R_P 构成光控电路。在白天，光敏电阻受自然光照射阻值很小，T′触发器的置 0 端 R 的电位大于 1/2V 复位电平，无论此门被开闭多少次，T′触发器强制置 0，Q 始终为低电平，电灯不会发光；夜晚，因自然光照减弱，T′触发器的置 0 端 R 的电位小于 1/2 复位电平，强制复位自动解除。

实际应用时，将内置门控类开关电路的开关盒安装在门框顶上，小磁铁则正对着盒内底侧部放置的干簧管而固定在门扇顶沿上。仔细调整小磁铁和干簧管的相对位置，使干簧管能够随门扇的开闭而可靠地动作。然后，根据"火线接开关，地线进灯头，接通开关和灯头"的照明灯接线原则，将开关盒的内桩头和外引线不分顺序地串入电灯火线回路即可。最后，用小螺丝刀将 R_P 调至阻值最小的位置，在夜晚需要开灯的时候，打开门扇使灯点亮，然后由小到大调节 R_P 的阻值，直到电灯刚好熄灭，再将 R_P 的阻值回调一点即可。反复细调，即可获得最佳光控灵敏度。

555 定时器把模拟电子中的放大功能和数字电子的逻辑功能融合起来，定时精确、电源范围宽、可直接推动负载，因此，是一种价格低廉、性能优越、使用方便的中规模的集成电路。555 定时器已成为数字电路中最常用的时基电路之一，必将在控制领域得到更广泛的应用。

6.3　课堂实验

使用 Multisim 仿真 555 定时器的 3 种基本应用电路。

6.3.1　用 555 定时器组成的施密特触发器

用 LM555CN 组成施密特触发器，测试施密特触发器的功能，电路如图 6.14 所示，利用函数信号发生器分别产生频率为 1kHz，占空比为 50%，幅度为 5V 的正弦波和三角波作为输入信号。用示波器观察不同波形的输入情况。

（1）用 Multisim 仿真施密特触发器的电路。

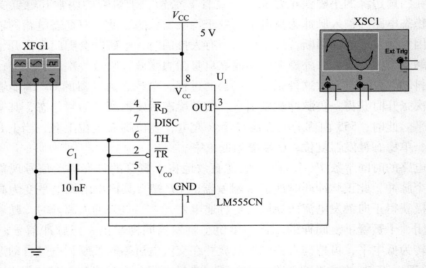

图 6.14　用 555 定时器组成的施密特触发器的电路

（2）输入正弦波，输出方波。输入和输出波形如图 6.15 所示。

（3）输入三角波，输入和输出波形如图 6.16 所示。

6.3.2　用 555 定时器组成的单稳态触发器

用 LM555CN 组成单稳态触发器，电路如图 6.17 所示。利用函数信号发生器产生频率为 1kHz，占空比为 10%，幅度为 5V 的矩形波作为输入信号。用四通道示波器观察输出的波形如图 6.18 所示，图中上面的波形为输入波形，中间的波形为 *TH* 端的波形，下面的波形为输出波形。

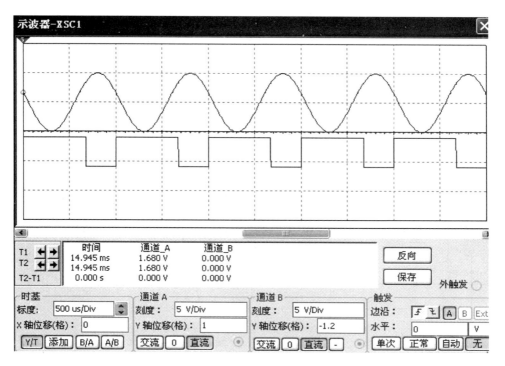

图 6.15　输入为正弦波时的输入和输出波形

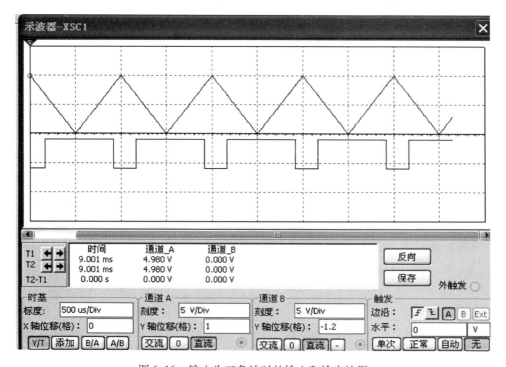

图 6.16　输入为三角波时的输入和输出波形

（1）单稳态触发器电路如图6.17所示。

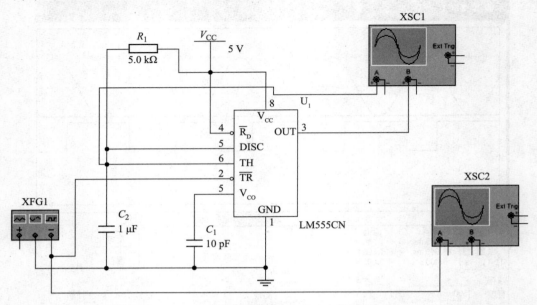

图 6.17　用 555 定时器组成的单稳态触发器电路

（2）各个波形如图6.18所示。

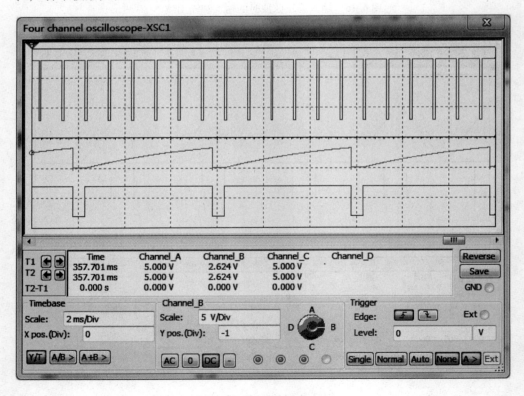

图 6.18　各个波形

6.3.3　用 555 定时器组成多谐振荡器

用 LM555CN 组成多谐振荡器，测试多谐振荡器的功能，各元件参数如图 6.19 所示。

（1）多谐振荡器电路如图 6.19 所示。

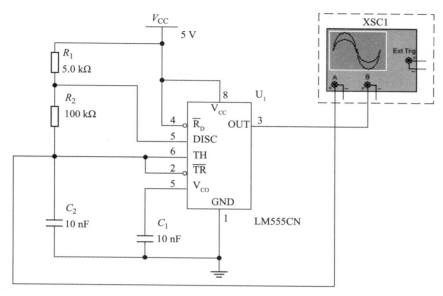

图 6.19　用 555 定时器组成的多谐振荡器

（2）*TH* 端波形和输出波形如图 6.20 所示。

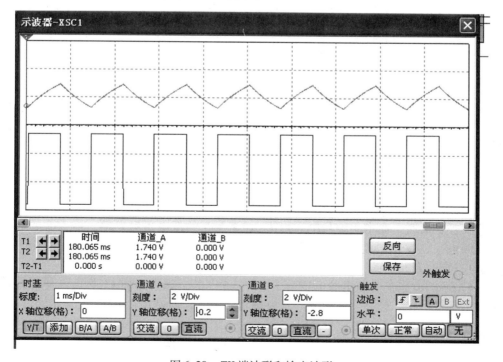

图 6.20　*TH* 端波形和输出波形

6.4 任务：采用 555 定时器构成的触摸报警器的制作

6.4.1 任务目标

（1）认识 555 定时器芯片，并能正确选择和使用。

（2）熟悉施密特触发器电路、单稳态触发器电路、多谐振荡器电路。

（3）熟悉 Multisim 12 的操作环境，掌握用 Multisim 12 对采用 555 定时器构成的触摸报警器进行仿真。

（4）会组装、调试采用 555 定时器构成的触摸报警器电路。

6.4.2 任务内容

555 定时器在这里接成单稳态电路（如图 6.21 所示）。这里用开关 S_1 替代触摸片，电容 C_1 通过 555 的 7 脚放电完毕后，3 脚输出为低电平，发光二极管不亮、蜂鸣器不响。

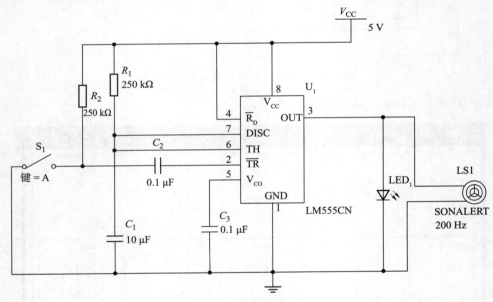

图 6.21　采用 555 定时器构成的触摸报警器电路

当开关被触动时，高电平信号电压由 C_2 加至 555 的低电平触发端，使 555 的输出由低电平变成高电平，发光二极管发光、蜂鸣器发声。同时，555 的 7 脚截止，电源便通过 R_1 给 C_1 充电，定时开始。

当电容 C_1 的电压上升至电源电压的 2/3 时，555 的 7 脚道通使 C_1 放电，使 3 脚输出由高电平变回到低电平，发光二极管不亮、蜂鸣器不响，定时结束。

6.4.3 仿真测试

利用 Multisim 12 对采用 555 定时器构成的触摸报警器电路进行仿真测试。

这里为了方便迅速出现仿真结果，可调整（减小）C_1 的参数，改变（缩短）单稳态触发电路的时间，因此很快能听到蜂鸣器发声。改变 R_1 的参数（减小）同样也能调整（缩短）单稳态触发电路的时间。同时，可以用示波器观察单稳态触发电路的波形变化。

6.4.4　材料设备

采用 555 定时器构成的触摸报警器电路的材料清单见表 6.2。

表 6.2　采用 555 定时器构成的触摸报警器电路的材料清单

555 定时器	LM555CN	1
电阻器	250 kΩ	2
电容器	0.1 μF	2
电容器	10 μF	1
发光二极管	φ5mm	1
开关（替代触摸金属片）	微型动合式	1
蜂鸣器	SONALERT 200Hz	1
其他	数字电路实验箱	1

6.4.5　任务步骤

（1）观察 555 定时器和发光二极管的外部形状，并区分引脚。

（2）用万用表检测元件的质量好坏，并进行筛选。

（3）按照图 6.22 所示电路，在实验箱上正确连接电路。

（4）电路调试。

①通电前检查：对照电路图检查电路的连线。

②试通电：接通 5V 电源，观察电路的工作情况，如正常则进行下一步的检查。

③通电观测：分别操作开关，观察发光二极管和蜂鸣器的工作状态是否符合控制要求。

6.4.6　任务总结

该任务是通过应用 555 定时器构成单稳态触发电路实现触摸报警，报警器用发光二极管和蜂鸣器替代。通过该任务，应能更加了解 555 定时器构成单稳态触发器的工作原理，对 Multisim 12 软件仿真也应有更深的理解和应用，还可以通过自己动手在实验箱上搭建电路，锻炼动手能力。除此之外，555 定时器还有很多种应用方法，请思考一下如何用 555 定时器来制作救护车的报警电路。

项目小结

（1）555 集成电路又叫 555 定时器或 555 时控电路，是一种多用途的集成电路，利用它可方便地构成单稳态触发器、施密特触发器、多谐振荡器。

（2）单稳态触发器，用于定时、延时、整形及一些定时开关中。

（3）施密特触发器，用于 TTL 系统的接口、整形电路或脉冲鉴幅等。

（4）无稳态模式构成的多谐振荡器，组成信号产生电路。

思考与习题

6 – 1　图 6.22 是 555 定时器构成的施密特触发器，已知电源电压 $V_{CC} = 12V$，求：

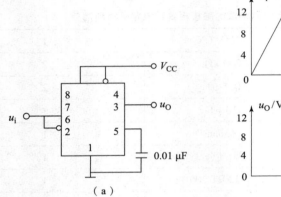
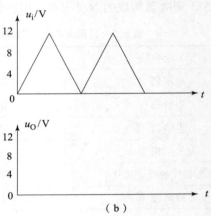

图 6.22　题 6 – 1 用图

（1）电路的 U_+、U_- 和 $\triangle U$ 各为多少？

（2）如果输入电压波形如图 6.23（b）所示，试画出输出 u_O 的波形。

（3）若控制端接至 +6V，则电路的 U_+、U_- 和 $\triangle U$ 各为多少？

6 – 2　图 6.23（a）是 555 定时器构成的单稳态电路。已知：$R = 3.9k\Omega$，$C = 1\mu F$，u_i 和 u_C 的波形如图 6.23（b）所示。试完成下面要求：

（1）对应画出 u_O 的波形。

（2）估算脉宽 T_W 的数值。

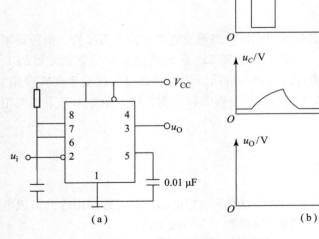

图 6.23　题 6 – 2 用图

6-3　用 555 定时器组成的多谐振荡器电路如图 6.24 所示。

已知：$V_{CC} = 15V$，$R_1 = R_2 = 5k\Omega$，$C_1 = C_2 = 0.01\mu F$。

（1）计算振荡器的振荡周期 T。

（2）用 Multisim 12 软件仿真，用示波器观察波形，读出振荡周期。

6-4　将 555 定时器接成施密特触发器的电路如图 6.25 所示。已知 $V_{CC} = +5V$，试求电路的 U_+、U_-、$\triangle U$ 各为多少？

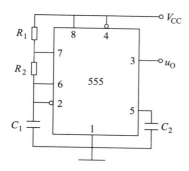

图 6.24　题 6-3 用图

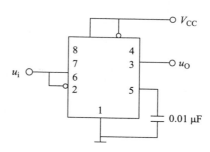

图 6.25　题 6-4 用图

6-5　由 555 定时器接成的施密特触发器如图 6.26（a）所示。已知：$V_{CC} = +5V$，$U_+ = \dfrac{10}{3}V$，$U_- = \dfrac{5}{3}V$，试求：

（1）画出图 6.26（a）所示电路的电压传输特性曲线 $u_O = f(u_i)$。

（2）u_i 的波形如图 6.26（b）所示。定性画出 u_O 的波形。

（3）用 Multisim 12 软件仿真，用示波器观察波形变化。

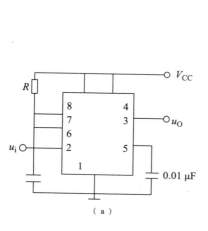

（a）

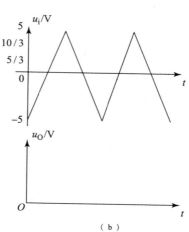

（b）

图 6.26　题 6-5 用图

Multisim 12仿真软件的应用

项目摘要

本项目系统介绍了 Multisim 12 的仿真环境和电路分析方法，以及该软件快速入门的有关知识。该项目共分 3 部分：（1）Multisim 12 的工作界面和基本操作，包括工作界面的基本元素、如何创建电路、虚拟仪器仪表的使用等。（2）Multisim 12 的元件库。（3）数字电子技术中常见的 4 种电路的仿真方法：门电路的仿真、组合逻辑电路的仿真、时序电路的仿真、555 电路的仿真。

学习目标

- 了解 Multisim 12 的菜单、工具、元器件库、虚拟仪器仪表库；
- 掌握 Multisim 12 的分析功能、操作方法；
- 掌握实用的电路仿真技术。

7.1 Multisim 12 的仿真环境

7.1.1 工作界面

1. Multisim 12 的主窗口界面

Multisim 12 的工作界面如图 7.1 所示。

界面由多个区域构成：菜单栏、元器件工具栏、虚拟仪器工具栏、仿真电路工作区等。工作界面中的元器件工具栏、虚拟仪器工具栏及其他工具栏均可在相应的菜单下找到，增加工具栏可方便用户操作。通过对各部分的操作可以实现电路图的输入、编辑，并根据需要对

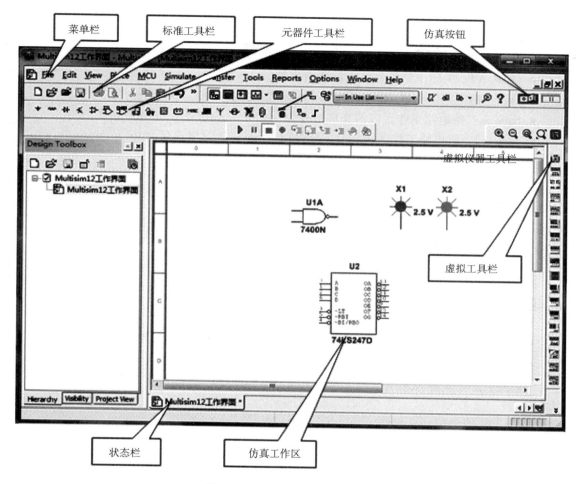

图 7.1　Multisim 12 的工作界面

电路进行相应的观测和分析。

2. 菜单栏

Multisim 12 有 12 个主菜单，如图 7.2 所示，位于界面的上方。菜单中提供了本软件几乎所有的功能命令。

图 7.2　Multisim 12 菜单栏

菜单中有一些与大多数 Windows 平台上的应用软件一致的功能选项，如 File、Edit、View、Options、Help。此外，还有一些 EDA 软件专用的选项，如 Place、Simulate、Transfer 以及 Tools 等。

（1）File 菜单。File（文件）菜单提供 19 个文件操作命令，如打开、保存和打印等，File 菜单中的部分命令及功能如下所述。

● New：建立一个新文件。

- Open：打开一个已存在的 ∗. msm12、∗. msm9、∗. msm8、∗. msm7、∗. ewb 或 ∗. utsch 等格式的文件。
- Close：关闭当前电路工作区内的文件。
- Close All：关闭电路工作区内的所有文件。
- Save：将电路工作区内的文件以 ∗. msm12 的格式存盘。
- Save as：将电路工作区内的文件另存为一个文件，仍为 ∗. msm12 格式。
- Save All：将电路工作区内所有的文件以 ∗. msm12 的格式存盘。
- Open Project：打开原有的项目。
- Save Project：保存当前的项目。
- Close Project：关闭当前的项目。
- Version Control：版本控制。
- Print：打印电路工作区内的电路原理图。
- Print Preview：打印预览。
- Print Options：包括 Print Setup（打印设置）和 Print Instruments（打印电路工作区内的仪表）命令。
- Recent Designs：选择打开最近打开过的文件。
- Recent Projects：选择打开最近打开过的项目。
- Exit：退出。

（2）Edit 菜单。Edit 菜单提供了类似于图形编辑软件的基本编辑功能，用于对电路图进行编辑。

- Undo：取消前一次操作。
- Redo：恢复前一次操作。
- Cut：剪切所选择的元器件，并放在剪贴板中。
- Copy：将所选择的元器件复制到剪贴板中。
- Paste：将剪贴板中的元器件粘贴到指定的位置。
- Delete：删除所选择的元器件。
- Select All：选择电路中所有的元器件、导线和仪器仪表。
- Delete Multi – Page：删除多页面。
- Paste as Subcircuit：将剪贴板中的子电路粘贴到指定的位置。
- Find：查找电路原理图中的元件。
- Graphic Annotation：图形注释。
- Orientation：旋转方向选择。包括：Flip Horizontal（将所选择的元器件左右翻转），Flip Vertical（将所选择的元器件上下翻转），90 Clockwise（将所选择的元器件顺时针旋转 90°），90 CounterCW（将所选择的元器件逆时针旋转 90°）。
- Title Block Position：工程图明细表位置。
- Edit Symbol/Title Block：编辑符号/工程明细表。
- Font：字体设置。
- Comment：注释。
- Forms/Questions：格式/问题。

- Properties：属性编辑。

（3）View 菜单。通过 View 菜单可以决定使用软件时的视图，用于控制仿真界面上显示的内容的操作。

- Full Screen：全屏。
- Zoom In：放大电路原理图。
- Zoom Out：缩小电路原理图。
- Zoom Selection：放大选择。
- Show Grid：显示或者关闭栅格。
- Show Border：显示或者关闭边界。
- Show Page Border：显示或者关闭页边界。
- Ruler Bars：显示或者关闭标尺栏。
- Statusbar：显示或者关闭状态栏。
- Design Toolbox：显示或者关闭设计工具箱。
- Circuit Description Box：显示或者关闭电路描述工具箱。
- Toolbar：显示或者关闭工具箱。
- Show Comment/Probe：显示或者关闭注释/标注。
- Grapher：显示或者关闭图形编辑器。

（4）Place 菜单。通过 Place 菜单中的放置元件、连接点、总线和文字等 17 个命令，可以在电路工作窗口内输入电路图。

- Component：放置元件。
- Junction：放置节点。
- Wire：放置导线。
- Bus：放置总线。
- Connectors：放置输入/输出端口连接器。
- New Hierarchical Block：放置层次模块。
- Replace Hierarchical Block：替换层次模块。
- Hierarchical Block from File：来自文件的层次模块。
- New Subcircuit：创建子电路。
- Replace by Subcircuit：子电路替换。
- Multi – Page：设置多页。
- Merge Bus：合并总线。
- Bus Vector Connect：总线矢量连接。
- Comment：注释。
- Text：放置文字。
- Grapher：放置图形。
- Title Block：放置工程标题栏。

（5）MCU 菜单。MCU（微控制器）菜单提供在电路工作窗口内 MCU 的调试操作命令，MCU 菜单中的命令及功能如下所述。

- No MCU Component Found：没有创建 MCU 器件。

- Debug View Format：调试格式。
- Show Line Numbers：显示线路数目。
- Pause：暂停。
- Step into：进入。
- Step over：跨过。
- Step out：离开。
- Run to cursor：运行到指针。
- Toggle breakpoint：设置断点。
- Remove all breakpoint：移出所有的断点。

（6）Simulate 菜单。Simulate 菜单提供 18 个电路仿真设置与操作命令。

- Run：开始仿真。
- Pause：暂停仿真。
- Stop：停止仿真。
- Instruments：选择仪器仪表。
- Interactive Simulation Settings...：交互式仿真设置。
- Digital Simulation Settings...：数字仿真设置。
- Analyses：选择仿真分析法。
- Simulation Error Log/Audit Trail：仿真误差记录/查询索引。
- XSpice Command Line Interface：XSpice 命令界面。
- Load Simulation Setting：导入仿真设置。
- Save Simulation Setting：保存仿真设置。
- Auto Fault Option：自动故障选择。
- VHDL Simulation：VHDL 仿真。
- Dynamic Probe Properties：动态探针属性。

（7）Transfer 菜单。Transfer 菜单提供的命令可以完成 Multisim 对其他 EDA 软件需要的文件格式的输出。

- Transfer to Ultiboard 12：将电路图传送给 Ultiboard 12。
- Transfer to Ultiboard 9 or earlier：将电路图传送给 Ultiboard 9 或者其他早期版本。
- Export to PCB Layout：输出 PCB 设计图。
- Forward Annotate to Ultiboard 12：创建 Ultiboard 12 注释文件。
- Forward Annotate to Ultiboard 9 or earlier：创建 Ultiboard 9 或者其他早期版本的注释文件。
- Backannotate from Ultiboard：修改 Ultiboard 注释文件。
- Highlight Selection in Ultiboard：加亮所选择的 Ultiboard。
- Export Netlist：输出网表。

（8）Tools 菜单。Tools 菜单主要包括元器件的编辑与管理的命令。

- Component Wizard：元件编辑器。
- Database：数据库。
- Variant Manager：变量管理器。

- Set Active Variant：设置动态变量。
- Circuit Wizards：电路编辑器。
- Rename/Renumber Components：元件重新命名/重新编号。
- Replace Components...：元件替换。
- Update Circuit Components...：更新电路元件。
- Update HB/SC Symbols：更新 HB/SC 符号。
- Electrical Rules Check：电气规则检验。
- Clear ERC Markers：清除 ERC 标志。
- Toggle NC Marker：设置 NC 标志。
- Symbol Editor...：符号编辑器。
- Title Block Editor...：工程图明细表比较器。
- Description Box Editor...：描述箱比较器。
- Edit Labels...：编辑标签。
- Capture Screen Area：抓图范围。

（9）Reports 菜单。Reports（报告）菜单包括报告清单等6个报告命令，Reports 菜单中的命令及功能如下所述。

- Bill of Materials：材料清单。
- Component Detail Report：元件详细报告。
- Netlist Report：网络表报告。
- Cross Reference Report：参照表报告。
- Schematic Statistics：统计报告。
- Spare Gates Report：剩余门电路报告。

（10）Options 菜单。通过 Options 菜单可以对软件的运行环境进行定制和设置。

- Global Preferences...：全部参数设置。
- Sheet Properties：工作台界面设置。
- Customize User Interface...：用户界面设置。

（11）Windows 菜单。Windows（窗口）菜单提供9个窗口操作命令，Windows 菜单中的命令及功能如下所述。

- New Window：建立新窗口。
- Close：关闭窗口。
- Close All：关闭所有窗口。
- Cascade：窗口层叠。
- Tile Horizontal：窗口水平平铺。
- Tile Vertical：窗口垂直平铺。
- Windows...：窗口选择。

（12）Help 菜单。Help（帮助）菜单为用户提供在线帮助和辅助说明，Help 菜单中的命令及功能如下所述。

- Multisim Help：主题目录。
- Components Reference：元件索引。

- Release Notes：版本注释。
- Check For Updates. . . ：更新校验。
- File Information. . . ：文件信息。
- Patents. . . ：专利权。
- About Multisim：有关 Multisim 的说明。

3. 工具栏

Multisim 12 提供了多种工具栏，并以层次化的模式加以管理，用户可以通过 View 菜单中的选项方便地将顶层的工具栏打开或关闭，再通过顶层工具栏中的按钮来管理和控制下层的工具栏。通过工具栏，可给电路的创建和仿真带来许多方便。Multisim 12 常用的工具栏有 Standard（标准）工具栏、Component（元器件）工具栏、Instruments（虚拟仪器）工具栏、Simulation 工具栏等。

（1）Standard 工具栏。包含了常见的文件操作和编辑操作，如图 7.3 所示。

图 7.3　Standard 工具栏

（2）Component 工具栏。每一个按钮都对应一类元器件，其分类方式和 Multisim 12 元器件数据库中的分类相对应，通过按钮上的图标就可大致清楚该类元器件的类型。具体的内容可以从 Multisim 12 的在线文档中获取。如图 7.4 所示。

图 7.4　Component 工具栏

（3）Instruments 工具栏。集中了 Multisim 12 为用户提供的所有虚拟仪器仪表，用户可以通过按钮，选择自己需要的仪器对电路进行观测。如图 7.5 所示。

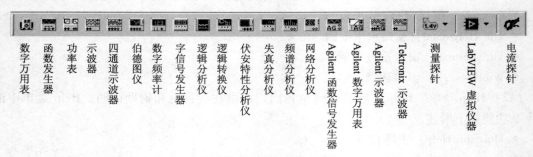

图 7.5　Instruments 工具栏

144

（4）Simulation 工具栏。可以控制电路仿真的开始、结束和暂停。如图 7.6 所示。

图 7.6 Simulation 工具栏

7.1.2 创建电路

1. 创建 DIN 格式的电路

Multisim 12 提供 ANSI（美国国家标准学会）和 DIN（德国国家标准学会）两种图形符号格式供选择，默认格式为 ANSI。通过设置可选择 DIN 格式。

执行"Options"→"Global Preferences"命令，弹出 Preferences 对话框，如图 7.7 所示。

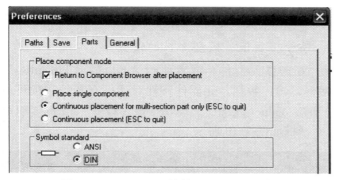

图 7.7 Preferences 对话框（Parts 选项卡）

2. 选用元器件

选用元器件时，首先在元器件工具栏中用鼠标单击包含该元器件的图标，打开该元器件库。然后从选中的元器件库窗口中（如图 7.8 所示），用鼠标单击该元器件，然后单击

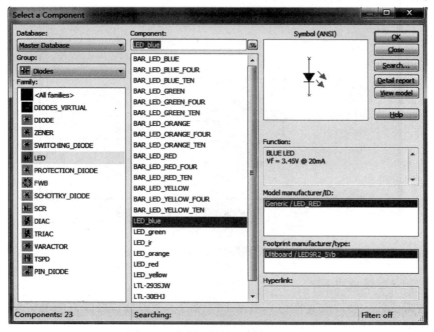

图 7.8 选取元器件（例如：LED）

"OK"按钮，用鼠标拖拽该元器件到仿真电路工作区的适当地方即可。

当器件放置到电路编辑窗口中后，用户就可以进行移动、复制、粘贴等工作了。常用的元器件编辑功能有：90 Clockwise——顺时针旋转90°、90 CounterCW——逆时针旋转90°、Flip Horizontal——水平翻转、Flip Vertical——垂直翻转、Component Properties——元件属性等。这些操作可以在 Edit 菜单中的子菜单下进行，也可以应用快捷键进行快捷操作。如图7.9所示。

图7.9　编辑元器件（LED）

3. 元器件标签、编号、数值、模型参数的设置

在选中元器件后，双击该元器件，或者执行"Edit"→"Properties"命令（元器件特性），弹出相关的对话框，输入数据。元器件特性对话框有多种选项可供设置，包括 Label（标识）、Display（显示）、Value（数值）、Fault（故障设置）、Pins（引脚端）、Variant（变量）等。电位器特性对话框如图7.10所示。

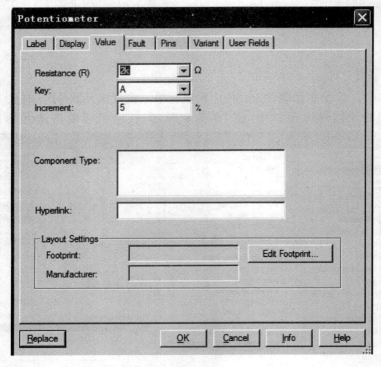

图7.10　元器件参数设置（电位器）

4. 将元器件连接成电路

在将电路需要的元器件放置在仿真电路工作区后，用鼠标就可以方便地将元器件连接起来。方法是：用鼠标单击连线的起点并拖动鼠标至连线的终点。在 Multisim 12 中连线的起点和终点不能悬空。

以二极管限幅电路为例，在仿真电路工作区，使用鼠标将元器件的一个端子连至其他的元器件上，如图 7.11 所示。

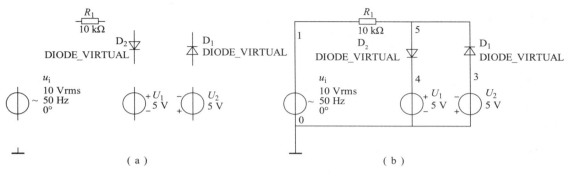

图 7.11　连接电路
（a）元器件排列图；（b）连线以后的电路图

5. 文件存盘

单击标准工具栏中的存盘按钮，弹出"Save As"对话框，如图 7.12 所示。将绘制的仿真电路存入指定的文件夹中。如文件名为"二极管限幅电路"，保存类型为 Multisim 12 Files（*.ms12）。

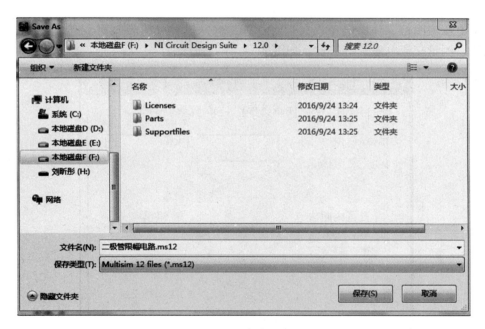

图 7.12　保存文件

7.1.3　Multisim 12 的虚拟仪器仪表的使用

Multisim 12 的虚拟仪器仪表大多与真实仪器仪表相对应，虚拟仪器仪表面板与真实仪器仪表面板相类似，有数字万用表、函数信号发生器、示波器等常规电子仪器，还有伯德图仪、失真分析仪、频谱分析仪等非常规仪器。用户可根据需要测量的参数选择合适的仪器，将其拖到仿真电路工作区，并与电路连接。在仿真运行时，就可以完成对电路参数量的测量，用起来几乎和真的一样。由于仿真仪器的功能是软件化的，所以具有测量数值精确、价格低廉、使用灵活方便等优点。这里，只介绍模拟电路和数字电路仿真中常用的仪器仪表。

1. 电压表（Voltmeter）

电压表图标如图 7.13 所示。电压表的两个接线端有 4 种连接方式可供选择。电压表用于测量电路两点间的交流或直流电压，它的两个接线端与被测量的电路并联连接，当测量直流电压时，电压表两个接线端有正负之分，使用时按电路的正负极性对应相接，否则读数将为负值。当测量直流电压时显示数值为平均值，当测量交流电压时显示数值为有效值。

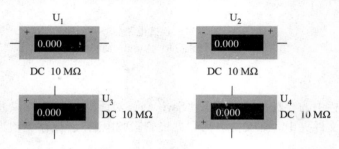

图 7.13　电压表

双击电压表图标，弹出电压表属性对话框，可以设置电压表内阻、电压表模式（测量直流电压、测量交流电压）等属性。如图 7.14 所示。

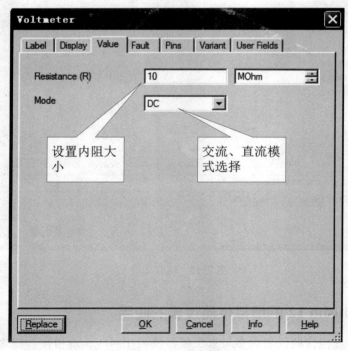

图 7.14　电压表参数设置

2. 电流表（Ammeter）

电流表图标如图 7.15 所示。电流表的两个接线端有 4 种连接方式可供选择。它的两个接线端必须与被测电路串联。

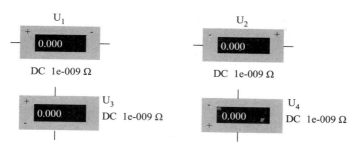

图 7.15　电流表

电流表用于测量电路的交流或直流电流，它有两个接线端，当测量直流电流时，电流表两个接线端有正负之分，使用时按电路的正负极性对应相接，否则读数将为负值。测量直流电流时显示数值为平均值。测量交流电流时显示数值为有效值。

双击电流表图标，弹出电流表属性对话框，可以设置电流表内阻、电流表模式（测量直流电流、测量交流电流）等属性。如图 7.16 所示。

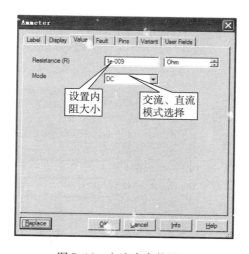

图 7.16　电流表参数设置

3. 数字万用表（Multimeter）

数字万用表的操作与实际的万用表相似，可以用来测量交直流电压（V）、交直流电流（A）、电阻（Ω）及电路中两点之间的分贝损耗（db），可以自动调整量程且为数字显示。万用表有正极和负极两个引线端。用鼠标单击数字万用表面板上的设置（Settings）按钮，则弹出参数设置对话框，可以设置数字万用表的电流表内阻、电压表内阻、欧姆表电流及测量范围等参数。数字万用表及其参数设置对话框如图 7.17 所示。

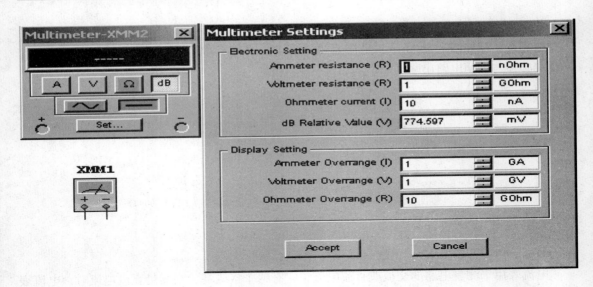

图 7.17　数字万用表及其参数设置对话框

4. 函数发生器（Function Generator）

Multisim 12 提供的函数发生器可以产生正弦波、三角波和矩形波，信号频率可在1Hz 到999MHz 范围内调整。信号的幅值以及占空比等参数也可以根据需要进行调节。信号发生器有 3 个引线端口：负极、正极和公共 COM 端。通常 COM 端连接电路的参考地点，"＋" 为正波形端，"－" 为负波形端，可同时输出两个相位相反的信号（相对 COM 端）。函数发生器及其参数设置对话框如图 7.18 所示。

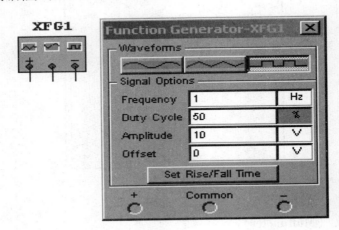

图 7.18　函数发生器及其参数设置对话框

5. 双通道示波器（Oscilloscope）

Multisim 12 提供的双通道示波器与实际的示波器外观和操作基本相同，该示波器可以观察一路或两路信号波形的形状，分析被测周期信号的幅值和频率，时间基准可在 s 至 ns 范围内调节。示波器图标有 4 个连接点：A 通道输入、B 通道输入、外触发端 T 和接地端 G，如图 7.19 所示。

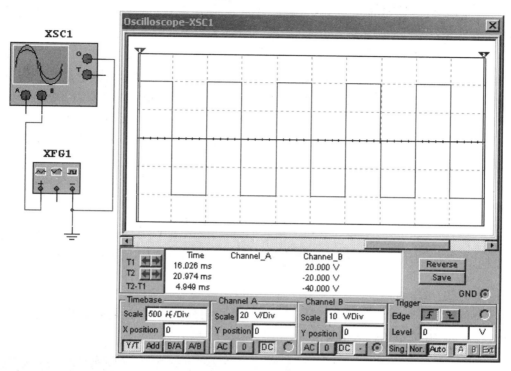

图 7.19　双通道示波器

示波器的控制面板分为 4 个部分：

（1）Timebase（时间基准）。

● Scale（量程）：设置显示波形时的 X 轴时间基准。

● X position（X 轴位置）：设置 X 轴的起始位置。

● 显示方式设置有 4 种：Y/T 方式指的是 X 轴显示时间，Y 轴显示电压值；Add 方式指的是 X 轴显示时间，Y 轴显示 A 通道和 B 通道电压之和；A/B 或 B/A 方式指的是 X 轴和 Y 轴都显示电压值。

（2）Channel A（通道 A）。

● Scale（量程）：通道 A 的 Y 轴电压刻度设置。

● Y position（Y 轴位置）：设置 Y 轴的起始点位置，起始点为 0 表明 Y 轴和 X 轴重合，起始点为正值表明 Y 轴原点位置向上移，否则向下移。

● 触发耦合方式：AC（交流耦合）、0（0 耦合）或 DC（直流耦合），交流耦合只显示交流分量；直流耦合显示直流和交流之和；0 耦合表示将输入信号对地短路，在 Y 轴设置的原点处显示一条直线。

（3）Channel B（通道 B）。

通道 B 的 Y 轴量程、起始点、耦合方式等项内容的设置与通道 A 相同。

（4）Trigger（触发）。触发方式主要用来设置 X 轴的触发信号、触发电平及边沿等。

● Edge（边沿）：设置被测信号开始的边沿，设置先显示上升沿或下降沿。

● Level（电平）：设置触发信号的电平，使触发信号在某一电平时启动扫描。

● 触发信号选择：Auto（自动）、通道 A 和通道 B 表明用相应的通道信号作为触发信号；Ext 为外触发；Single 为单脉冲触发；Normal 为一般脉冲触发。

6. 四通道示波器（Four Channel Oscilloscope）

四通道示波器是 Multisim 中新增的一种仪器，也是一种可以用来显示电信号波形的形状、幅度、频率等参数的仪器，其使用方法与两通道示波器相似，但存在以下不同。

（1）将信号输入通道由 A、B 两个增加到 A、B、C、D 4 个通道。

（2）在设置各个通道 Y 轴输入信号的标度时，通过单击图 7.20 所示的通道选择按钮来选择要设置的通道。

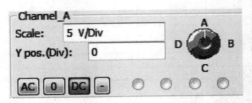

图 7.20　通道选择按钮

（3）按钮 A + B 相当于两通道信号中的 Add 按钮，即 X 轴按设置时间进行扫描，而 Y 轴方向显示 A、B 通道的输入信号之和，如图 7.21 所示。

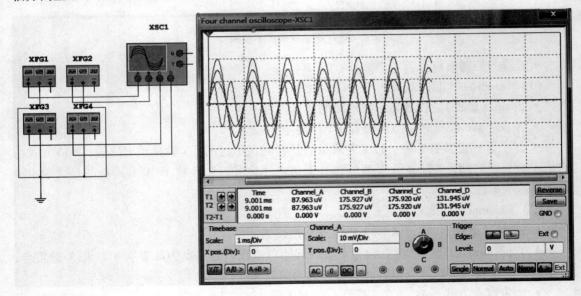

图 7.21　四通道示波器

7.2　Multisim 12 元件库

任何一个电子仿真软件都有一个供仿真用的元器件数据库，即元件库。元件库中仿真元件数量的多少将直接影响该软件的适用范围，而模型的质量则影响着设计结果的准确性。这一节将主要介绍 Multisim 12 的元件库中与数字电子技术有关的内容。

7. 2. 1　电源库

电源库（Sources）中共有 62 个电源器件，既可作为为电路提供电能的功率电源，又可作为输入信号的信号源，还有接地端等。

1. 功率源（Power Sources）

接地元件电压均为 0，为仿真电路提供了一个参考点。如果需要，可以使用多个接地元件，所有连接到接地元件的端都表示同一个点，视为连接在一起。

（1）接地端（Ground）。

在电路中，"地"是一个公共参考点，电路中所有的电压都是相对于该点而言的电势差。Multisim 支持多点接地系统，所以接地连线都直接连到"地平面"上。

（2）数字接地端（Digital Ground）。

在实际数字电路中，许多数字元件都需要接上直流电源才能正常工作，而在原理图中并不直接表示出来。为更接近于现实，Multisim 在进行数字电路的"Real"仿真时，电路中的数字元件要接上示意性的电源，数字接地端当作该电源的参考点。

注意：数字接地端只能用于含有数字元件的电路，通常不能与任何器件相接，仅示意性地放置于电路中。要接 0 电位，一般还是用接地端。

（3）V_{CC} 电压源（V_{CC} Voltage Source）。

直流电压源，常用于为数字元件提供电能或逻辑高电平。在使用时应注意：同一个电路只能有一个 V_{CC}；V_{CC} 用于为数字元件提供能源时，可示意性地放置于电路中，不必与任何器件相连。

（4）V_{DD} 电压源（V_{DD} Voltage Source）。

与 V_{CC} 基本相同。当为 CMOS 器件提供直流电源进行"Real"仿真时，只能用 V_{DD}。

（5）V_{SS} 电压源。

为 CMOS 器件提供直流电源。

（6）V_{EE} 电压源。

与数字接地端基本相同。

2. 信号电压源（Signal Voltage Sources）

时钟电压源（Clock Voltage Sources），实质上是一个幅度、频率及占空比均可调节的方波发生器，常作为数字电路的时钟触发信号，其参数值在其属性对话框中设置。如图 7.22 所示。

3. 信号电流源（Signal Current Sources）

（1）直流电流源（DC Current Sources）。

这是一个理想直流电流源，与实际电源不同之处在于，使用时允许开路但电流值将降为 0。电流由该电源产生，其变化范围为 mA ~ kA。

（2）时钟电压源（Clock Current）。

除输出电流外，其他与时钟电压源相同。

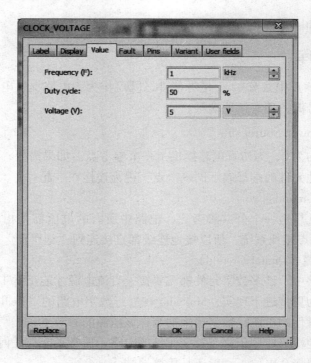

图 7.22　时钟电压源属性对话框

7.2.2　基本元件库

1. 开关（Switch）

（1）电流控制开关（Current – controlled SPST）。

用流过开关线圈的电流大小来控制开关动作，当电流大于输入电流（On – state Current，I_{ON}）时，开关闭合；当电流小于输出电流（Off – state Current，I_{OFF}）时，开关断开。打开其属性对话框，可对这两个电流进行设置。注意 I_{ON} 应小于 I_{OFF}，否则开关不能闭合；I_{OFF} 最好也不为 0，否则开关一经闭合后不易断开，如图 7.23 所示。

（2）单刀双掷开关（SPDT）。

通过计算机键盘可以控制其通断状态。使用时，首先用鼠标从库中将该元件拖动至仿真电路工作区，在其属性对话框中的 Key 栏内键入一个字母（A ~ Z 均可）作为该元件的代号。默认值设置为 Space（空格键）。当改变开关的通断状态时，按下该元件的代号字母键即可。

（3）单刀单掷开关（SPST）。

设置方法与 SPDT 相同。

（4）封装的单掷开关（DIPSW）。

单刀单掷开关的封装使用，在使用时应注意 DIPSW 有很多种，但电路符号是一样的，后面的数字表示该封装中存在几个开关。

（5）开关包（DSWPK）。

有时在画数字电路时会用到很多开关，逐个画会比较麻烦，这时会使用 DSWPK 开关。开关打开为 1，并保留未使用的开关在关闭位置。DSWPK 后面的数字代表有几个开关。如图 7.24 所示。

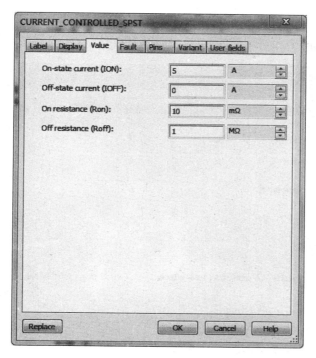

图 7.23　电流控制开关属性对话框

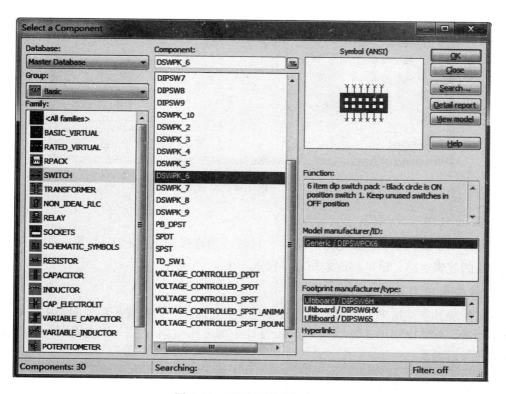

图 7.24　DSWPK 开关包窗口

2. 普通电阻（Resistor）

电阻器是数字电路中经常用到的元件，它们的值可以自己调节。如图 7.25 所示。

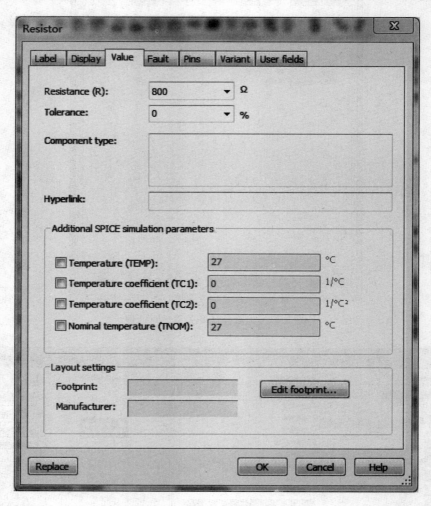

图 7.25　电阻属性对话框

3. 上拉电阻（RPACK）

该元件用于提升它所连接电路的电压。它的一端连接到 V_{CC}（5V），另一端连接到需要提升电压的逻辑电路，该电路的电压水平接近于 V_{CC}。

4. 封装电阻（Resistor Packs）

电阻封装其实是指多个电阻器并联封装在一个壳内。它的配置是可变的，主要取决于该封装的用途。封装电阻用于最小化 PCB 板设计中的占用空间。在一些应用中，噪声也是电阻封装的考虑因素之一。

7.2.3　TTL 元件库

TTL 元件库含有 74 系列的 TTL 数字集成逻辑器件，使用时要注意以下几点。

（1）74STD 是标准型，74LS 是低功耗肖特基型，应根据具体要求选择。

（2）有些器件是复合型结构，如 7400N。在同一个封装里存在 4 个相互独立的二端与非门：A、B、C、D，选用时会出现选择框。这 4 个二端与非门功能完全一样，可任意选取一个。如图 7.26 所示。

图 7.26　7400N 的选择

（3）同一个器件如有多种封装形式，如 74LS138O 和 74LS138N，则当仅用于仿真分析时，可任意选取；当要把仿真结果传送给 Ultiboard 等软件进行印制板设计时，一定要区分选用。

（4）对含有 TTL 数字器件的电路进行"Real"仿真时，电路窗口中要有数字电源符号和相应的数字接地端，通常 $V_{CC} = 5V$。

（5）这些器件的逻辑关系可以参阅有关手册，也可以打开 Multisim 12 的 Help 文件得到帮助。

（6）器件的某些电气参数，如上升延迟时间（Rise - relay）和下降延迟时间（Fall - relay）等，可以通过单击其属性对话框中的 Edit Model 按钮，从对话框中读取。

TTL 元件库有以下两个系列。

（1）74STD 系列是普通型集成电路，列表中显示为 7400N ~ 7493N。

74 系列元件使用普通的 +5V 电源，在 4.75 ~ 5.25V 内都可以稳定地工作。74 系列的任何输入端的数字信号，高电平不能超过 +5.5V，低电平不能低于 -0.5V；正常工作的环境温度范围为 0℃ ~70℃；允许最差情况的直流噪声极限是 400mV。一个标准的 TTL 输出通常能驱动 10 个 TTL 的输入。

（2）74LS 系列是低功耗肖特基型集成电路，列表中显示为 74LS00N ~ 74LS93N。

为了不让晶体管饱和过深同时减少存储时延，可在每个晶体管的基极和集电极之间连接一个肖特基二极管，再利用一个小电阻提高开关速度，同时减小电路的平均功耗，并且利用达林顿管减少输出的上升时间。经过这些改进后，就形成了 74S 系列。如果把 74S 系列中添加的小电阻换成大电阻，便构成了 74LS 系列。这个大电阻能够减少电路功耗，但同时增加开关时间。

元件功耗（Power Disspation）的大小可以双击元件图标，在弹出的对话框中选择 Value 页下方的 Edit Component in DB 按钮，从 Component Properties 对话框的 Electronic parameters 选项卡中读取。如图 7.27 所示。

7.2.4　CMOS 元件库

CMOS 元件库含有 74 系列和 4×××系列等的 CMOS 数字集成逻辑元件。CMOS 系列元件与其他 MOS 系列元件相比较，具有速度快、功耗低的特点，使用时应注意如下几点。

（1）当电路窗口中出现 CMOS 元件时，如要得到精确的仿真结果，必须在电路窗口内放置一个 V_{DD} 电源符号，其数值大小根据 CMOS 元件的要求来确定。同时还要放置一个数字

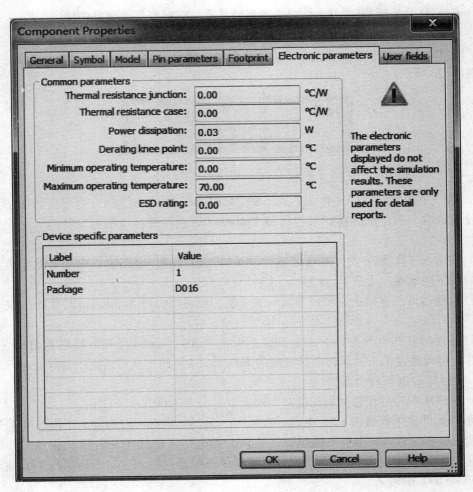

图 7.27　元件功耗的读取

接地符号，这样电路中的 CMOS 元件才能获取电源。

（2）当某种 CMOS 元件是复合封装或虽是统一模型但有多个型号时，处理方式与 TTL 电路相同。

（3）这些元件的逻辑关系可查阅有关元件手册，也可查看 Multisim 12 的 Help 文件。

（4）5V、10V 和 15V 的 4×××系列 CMOS 元件图标都容易误认为是 5V 的图标，使用时应注意区分。

CMOS 元件库包含如下几个系列：4×××系列/5V 系列；4×××系列/10V 系列；4×××系列/15V 系列；V74HC/2V 系列（低压高速）；V74HC/4V 系列（低压高速）；V74HC/6V 系列（低压高速）。另外还包含一些简单功能的数字 CMOS 芯片，通常用于完成只需要单个简单门的设计中，它们是：Tiny Logic/2V 系列；Tiny Logic/4V 系列；Tiny Logic/5V 系列；Tiny Logic/6V 系列。

7.2.5　指示器部件库

指示器部件库（Indicators）中包含 8 种可用来显示电路仿真结果的显示部件，在

Multisim 中称为交互式元件（Interactive Component）。对于交互式元件，Multisim 不允许用户在模型上进行修改，只能在其属性对话框中对某些参数进行设置。这里只介绍和数字电路相关的 4 种。

1）探针（Probe）

相当于一个 LED（发光二极管），仅有一个端子，可将其连接到电路中某个点。当该点电平达到高电平（即 "1"，其门限值可在属性对话框中设置）时便发光指示，可用来显示数字电路中某点电平的状态。

2）灯泡（Lamp）

其工作电压及功率不可设置。额定电压（即显示在灯泡旁边的电压参数）对交流而言是指其最大值。当加在灯泡上的电压大于（不能等于）额定电压的 50% 至额定电压时，灯泡一边亮；而大于额定电压至 150% 额定电压值时，灯泡两边亮；而当外加电压超过电压150% 额定电压值时，灯泡被烧毁。灯泡烧毁后不能恢复，只有选取新的灯泡。对直流而言，灯泡恒定发光；对交流而言，灯泡将闪烁发光。

3）虚拟灯泡（Virtual Lamp）

该部件相当于一个电阻元件，其工作电压及功率可由用户在属性对话框中设置。如图7.28 所示。烧坏后，若供电电压正常，它会自动恢复。其余与现实灯泡相同。

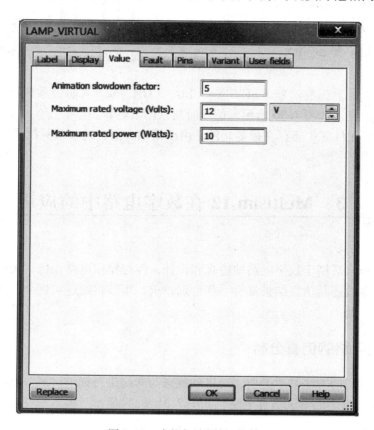

图 7.28　虚拟灯泡属性对话框

4）十六进制显示器（HEX Displays）

带译码的七段数码显示器（DCD_ HEX）：有 4 条引脚线，从左到右分别对应 4 位二进制数的最高位到最低位，可显示 0 ~ F 之间的 16 个数。如图 7. 29 所示。

不带译码的七段数码显示器（SEVEN – SEG – COM – A，共阳极数码管）：显示器的每一段和引脚之间有——对应的关系，如图 7. 30 所示。在某一引脚上加上高电平，其对应的数码段就发光显示。如要用七段数码显示器显示十进制数，需要有一个译码电路。注意：译码电路在 TTL 元件库中。

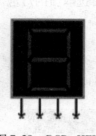

图 7. 29　DCD_ HEX

图 7. 30　不带译码的七段数码显示器

不带译码的七段数码显示器（SEVEN – SEG – COM – K，共阴极数码管）：引脚呈高电平，对应的数码段亮，如图 7. 30 所示。使用时与共阳数码管一样。

在 Multisim12 元件库中还存在很多元件，由于篇幅有限，这一节只挑了数字电子技术中使用到的进行介绍。

7. 3　Multisim 12 在数字电路中的应用

Multisim 12 非常适用于数字电路的仿真和设计，但与模拟电路相比，无论是编辑电路原理图、设置仿真参数还是仿真结果都有一些特别要求。本节将通过实例介绍如何处理数字电路仿真中出现的问题。

7.3.1　门电路的仿真分析

门电路仿真分析的方法基本类似，这里就挑选与非门进行详细讲解。利用二输入四与非门 74LS00N 构建门电路的测试仿真电路，如图 7. 31（a）所示。输入端使用方波信号，输出端使用示波器观察输出波形。

启动 Simulate 菜单中的 Mixed – Mode Simulation Settings 命令，打开 Mixed – Mode Simulation Settings 对话框，如图 7. 32 所示。

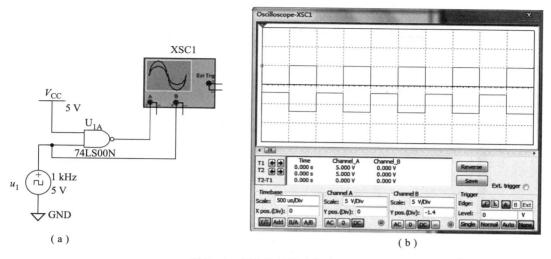

图 7.31　门电路的测试仿真电路

（a）测试电路；（b）输出波形

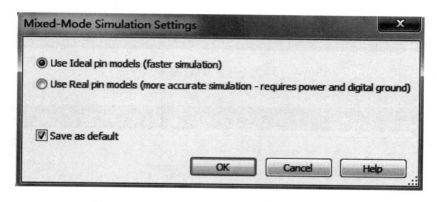

图 7.32　Mixed – Mode Simulation Settings 对话框

可以发现，图 7.31（b）所示的波形是 Ideal 状态。如果选择 Real 状态，再次进行仿真，其波形将如图 7.33 所示（示波器面板的设置不变）。比较二者可以看出：Real 状态下的输出波形的幅度比 Ideal 状态下的幅度小。这与实际情况是符合的。

当输入方波信号的频率升高到 10MHz 时，再次进行仿真，其波形图如图 7.34 所示。可以看出输入波形和输出波形有明显的延迟。

由此可知，理想化模型与现实模型都考虑了传输延迟，但理想化模型输出波形的上升沿要比现实模型的效果好，而现实模型则更接近实际情况。

7.3.2　组合逻辑电路的仿真分析

组合逻辑电路有很多，在这一部分以 74LS148N 集成电路为例，进行编码器电路的仿真分析。编码芯片 74LS148 的引脚功能见表 7.1。

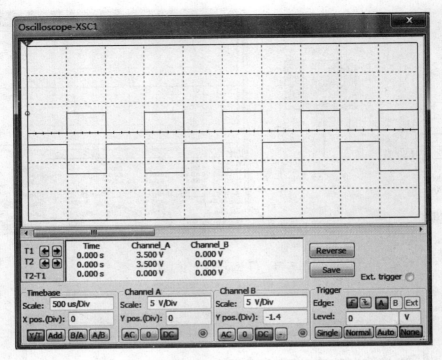

图 7.33 选择 Real 后的输入、输出波形

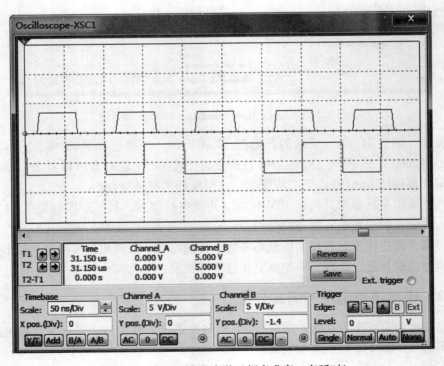

图 7.34 输入、输出波形（频率升高，有延时）

表7.1 74LS148 的引脚功能

输入									输出				
$\overline{EI}$	D_0	D_1	D_2	D_3	D_4	D_5	D_6	D_7	A_2	A_1	A_0	$\overline{GS}$	$\overline{ED}$
1	×	×	×	×	×	×	×	×	1	1	1	1	1
0	1	1	1	1	1	1	1	1	1	1	1	1	0
0	×	×	×	×	×	×	×	0	0	0	0	0	1
0	×	×	×	×	×	×	0	1	0	0	1	0	1
0	×	×	×	×	×	0	1	1	0	1	0	0	1
0	×	×	×	×	0	1	1	1	0	1	1	0	1
0	×	×	×	0	1	1	1	1	1	0	0	0	1
0	×	×	0	1	1	1	1	1	1	0	1	0	1
0	×	0	1	1	1	1	1	1	1	1	0	0	1
0	0	1	1	1	1	1	1	1	1	1	1	0	1

构建仿真电路，如图7.35所示。其中输入状态 $D_0 \sim D_7$，用"GND"和"V_{CC}"来表示

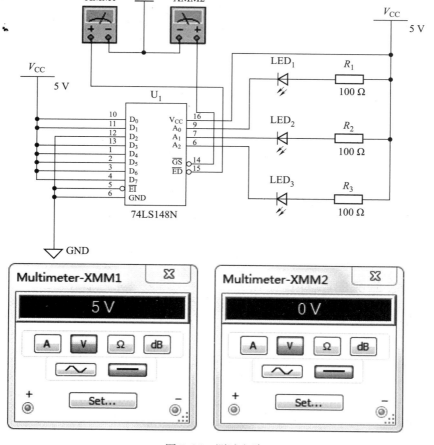

图7.35 测试电路

其不同的状态。解码输出端的状态用发光二极管 LED_1、LED_2、LED_3 分别来表示。当状态为"1"时，发光二极管 LED 点亮，当状态为"0"时，发光二极管 LED 熄灭。而对 15 脚选通输出端、14 脚扩展端的指示则用两块万用表来显示，万用表的使用和设置参看 7.1.3 节。

对输入状态进行设置完成后，按下仿真开关，就会看到输出端的发光二极管的"亮""灭"情况，同时两块万用表也显示不同的值。这里只给出了一种状态，还可以对输入状态进行不同的设置，这里就不一一介绍了。

7.3.3 时序逻辑电路的仿真分析

时序逻辑电路任一时刻的输出不仅与该时刻的输入有关，还与电路的状态有关，或者说还与以前的输入有关。因此，描述时序逻辑电路仅仅用输出方程是不够的，一般还要用驱动方程和状态方程来描述。时序逻辑电路的基本单元是触发器，在这一部分主要仿真 JK 触发器的特性。

以集成电路 4027BD 构建 JK 触发器功能测试仿真电路，如图 7.36 所示。其中 u_1 为一方波信号。多踪示波器接在两个输出端。

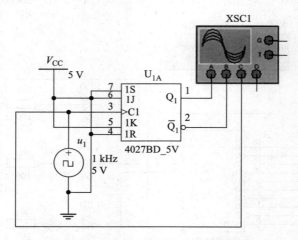

图 7.36　JK 触发器的功能测试电路

集成电路 4027BD 的双上升沿 JK 触发器的仿真波形图如图 7.37 所示。

7.3.4 555 集成电路的仿真分析

555 集成电路能够巧妙地将模拟功能和逻辑功能结合在同一片硅片上，所以能有效地应用于模拟和数字这两大类型的电路设计中，范围非常广泛。555 定时电路的供电电源电压为 5～16V，使用 5V 电源时，输出电压可与数字逻辑电路相配合。执行"Tools"→"Circuit wizards"→"555 timer wizard"命令，即可启动定时器使用向导。如图 7.38 所示。

从 Type 栏中的选项列表可以知道 555 定时电路有两种工作方式：无稳态工作方式（Astable Operation）和单稳态工作方式（Monostable Operation）。

1. 555 定时电路的无稳态工作方式的仿真分析

当工作方式选中无稳态工作方式（Astable Operation）时，其参数设置栏的内容如图

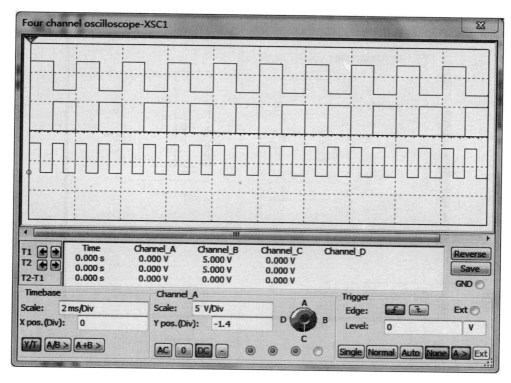

图 7.37 JK 触发器仿真波形

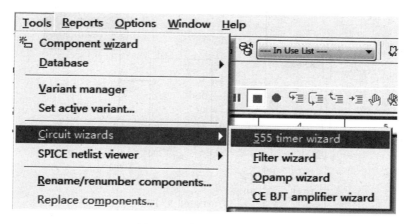

图 7.38 定时器使用向导

7.39 所示。

无稳态工作方式不需要外加输入信号，而其输出电压 u_0 为一串矩形脉冲。u_0 处于高电位或低电位的时间决定于外部连接的电阻－电容网络。高电位值稍低于电源电压 V_{SS}，低电位值约为 0.1V。如图 7.40 所示。

各项参数设置完毕后，单击 Build circuit 按钮，即可生成无稳态定时电路，然后在仿真电路工作区内选定位置单击左键，即可完成电路的放置。电路输出信号波形如图 7.41 所示。

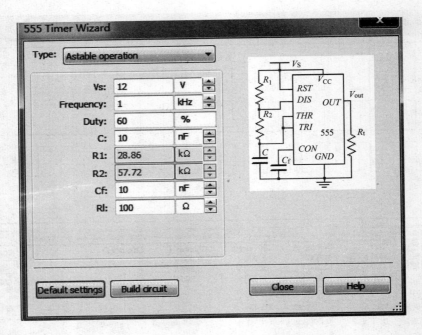

图 7.39　无稳态工作方式的设置

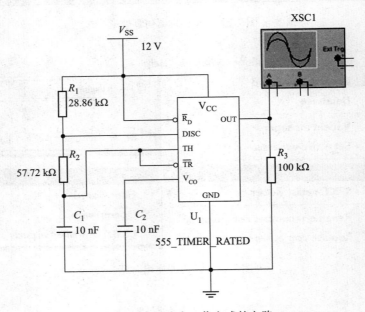

图 7.40　无稳态工作方式的电路

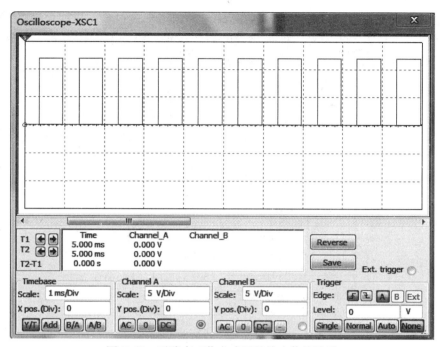

图 7.41　无稳态工作方式下的输出信号波形

2.555 定时电路的单稳态工作方式的仿真分析

当选择单稳态工作方式（Monostable operation）时，其参数设置栏的各项内容如图 7.42所示。

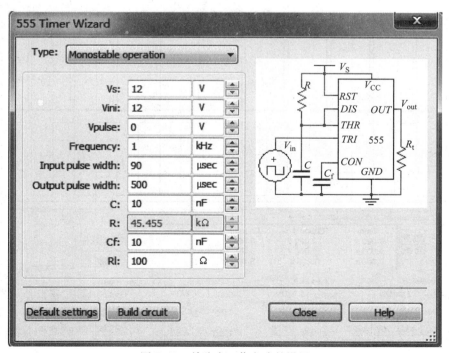

图 7.42　单稳态工作方式的设置

各项参数设置完毕后，单击 Build circuit 按钮，即可生成单稳态定时电路，然后在仿真电路工作区内选定位置单击左键，即可完成电路的放置。单稳态工作方式下电路如图 7.43 所示。单稳态工作方式下电路的输入、输出信号波形如图 7.44 所示。

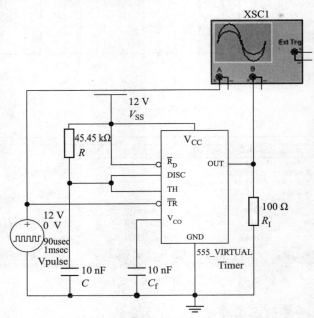

图 7.43　单稳态工作方式的电路

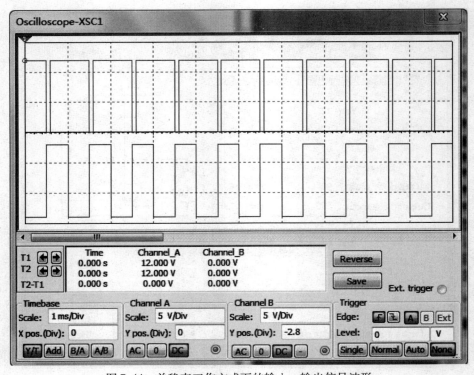

图 7.44　单稳态工作方式下的输入、输出信号波形

除了本节介绍的基本 4 种应用外，Multisim 12 在数字电路中还有其他方面的应用。这些应用在本书中并没有提及，不过也是数字电路中经常用到的，比如 A/D 与 D/A 转换电路的仿真分析、可编程任意波形信号发生器等，有需要的读者可以自行仿真。

项目小结

（1）Multisim 12 是一个集成的仿真和开发环境，集菜单栏、工具栏、虚拟仪器库和元器件库于一体。在 Multisim 12 仿真环境下可以实现仿真电路的创建、虚拟仪器的添加、仿真参数的设置、仿真电路的调试、仿真结果的观测以及仿真数据的转换等功能。

（2）Multisim 12 元件库提供了数千种电路元件供实验选用，同时也可以新建或扩展已有的元件库，而且建库所需要的元器件参数可以从生产厂商提供的产品使用手册中查到，因此，可以很方便地在工程设计中使用。

（3）数字电子技术中常见的 4 种电路的仿真方法：门电路的仿真、组合逻辑电路的仿真、时序逻辑电路的仿真、555 电路的仿真。

思考与习题

7-1　Multisim 12 的基本元素有哪些？如何通过菜单内的命令增减工具栏？

7-2　Multisim 12 中创建仿真电路时，可选择的元器件符号格式有哪些？如何选择？

Multisim 12仿真的设计

项目摘要

　　本项目是整个数字电子技术课程的综合，本项目通过 3 个综合项目进一步介绍如何使用 Multisim 12 进行系统的仿真。该项目共分 3 部分：八路抢答电路的设计；电子时钟的设计；交通灯的设计。

学习目标

- 掌握八路抢答器、电子时钟、交通灯的原理及设计方法；
- 掌握 Multisim 12 的分析功能、操作方法；
- 掌握电路中实用的仿真技术。

8.1　八路抢答电路的设计

8.1.1　实验目的

　　（1）掌握抢答器的原理。

　　（2）掌握 Multisim 12 的调试方法。

8.1.2　实验要求

　　（1）设置 8 个抢答器按钮。抢答器按钮编号为 1、2、3、4、5、6、7、8。最多可容纳 8 人（8 组）参赛。

　　（2）显示功能。设置一位 LED 数码管，显示抢答选手的号码。

（3）抢答器具有数据锁存功能。若参赛者按动按钮，锁存器立刻锁存最先按下的按钮编号，数码管将其显示出来。以后再按下按钮将不起作用，即电路进入锁定状态。抢答器抢答分辨率为1ms。

（4）"主持人清零"功能。设置主持人清零按钮。在抢答器按钮为常态时，主持人按下清零按钮，电路解除锁定状态，进入准备状态，此时，数码管显示"0"，允许抢答。

8.1.3　实验条件

装有 Multisim 12 软件的计算机。

8.1.4　总体设计和电路框图

1. 设计思路

（1）编码电路：八路抢答按钮输入，低电平有效。输出4位二进制编码。有抢答时输出相应按钮编号的对应二进制编码，无抢答时输出"0000"。

（2）锁存电路：当编码电路输出为"0000"时（无抢答），主持人按下清零按钮，锁存器解除锁存，进入准备状态，此时，数码管显示"0"，允许抢答。然后，选手开始抢答。例如，若6号选手最先按下按钮，那么编码器将6号选手的号码"6"编成4位二进制数"0110"传入锁存器；以后再按下按钮将不起作用，即电路进入锁定状态；锁存器将编码锁存后进一步传送到译码器，译码器译码后传送到 LED 显示管。最终在数码管上显示"6"，表示6号选手抢答成功。设置锁存器的目的有两个：一是锁存最先按下的按钮编号，用于显示；二是阻断后续按钮动作产生的影响。

（3）译码电路：将锁存器输出的4位二进制码译成 LED 数码管所要求的七段码。

（4）显示电路：采用一位七段 LED 数码管。显示"0"表示无抢答，电路处于准备状态，允许抢答。显示"1"～"8"时，为抢答按钮编号，电路处于锁定状态。

（5）主持人控制电路：主持人按下按钮，使锁存器清零，电路解除锁定状态，进入准备状态，LED 显示管显示"0"，等待下一次抢答。

2. 电路框图

八路抢答器的电路框图如图8.1所示。

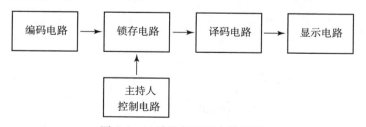

图 8.1　八路抢答器的电路框图

8.1.5　具体电路设计

1. 编码电路

采用4个74S20D四输入与非门构成编码电路，分别把"1"～"8"8位选手的按键编成

171

相应的二进制码，其真值表见表8.1。4个与非门的输出从低位到高位分别设为：A、B、C、D。

表8.1 八路抢答器的编码真值表

输入	输出			
	D	C	B	A
1	0	0	0	1
2	0	0	1	0
3	0	0	1	1
4	0	1	0	0
5	0	1	0	1
6	0	1	1	0
7	0	1	1	1
8	1	0	0	0

按照真值表，在 Multisim 12 中画出编码电路，如图 8.2 所示。图中 74S20D 从下向上分别代表 A、B、C、D。在输出端加上灯的目的是检查编码电路的连接是否正确。

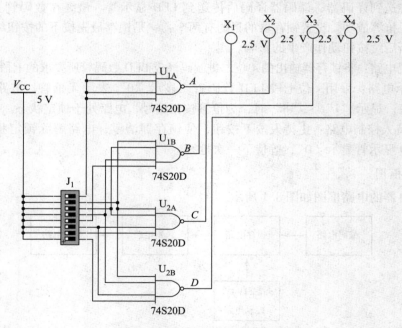

图 8.2 八路抢答器的编码电路

2. 锁存电路

锁存器的作用有两个：一是锁存最先按下的按钮编号，用于显示；二是阻断后续按钮动作产生的影响。锁存器选择 74LS75D，A 接 $1D_1$，B 接 $1D_2$，C 接 $2D_1$，D 接 $2D_2$。74LS75D 的功能为，当控制端 $LE = 1$ 时，输出随输入变化，当控制端 $LE = 0$ 时，输出保持。把 $1\overline{Q_1}$，

172

$1\overline{Q}_2$，$2\overline{Q}_1$，$2\overline{Q}_1$（即各个输出的非）接在一个 74S20D 与非门上，然后将与非门的输出与一个高电平做与非再接回 74LS75D 的锁存端 $1LE$ 和 $2LE$，完成锁存。当 $ABCD$ 中有一路信号是 1 时，那一路的非为 0，这时 74LS75D 的输出为 1，再与高电平做与非，输出为 0，锁存器完成锁存，即阻断后续按钮的动作。在后面加灯是为了观察锁存状态，电路如图 8.3 所示。注意：在这里为什么直接用 74LS75D 的输入端呢？是因为在后面的电路里需要添加主持人控制电路，这里就是给后面电路作准备。

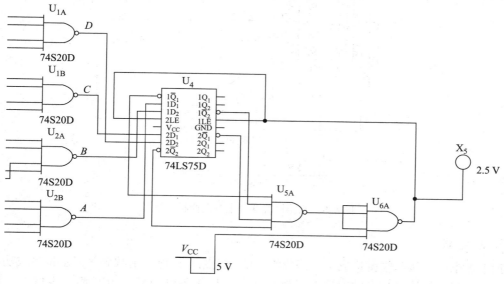

图 8.3　八路抢答器的锁存电路

3. 译码显示电路

译码显示电路可以用一个 74LS48D 加上数码管和电阻的形式构成，也可以选择 DCD_HEX 直接接在锁存输出上。本项目采用的是第二种方法，综合项目三采用的是第一种方法。电路如图 8.4 所示。

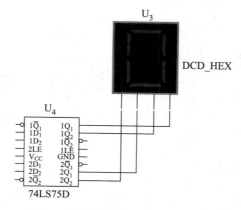

图 8.4　八路抢答器的译码显示电路

4. 主持人控制电路

主持人控制电路的作用是使锁存器清零，即异步清零端。只需在电路外接一个开关和 V_{CC}，按下开关使 V_{CC} 接通，把信号"0"返回给锁存器 74LS75D 的锁存端 $1LE$ 和 $2LE$，锁存器打开。具体实现的电路如图 8.5 所示。

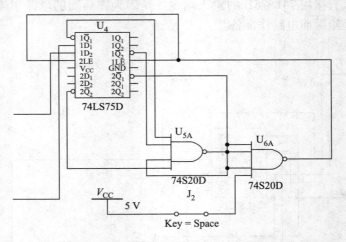

图 8.5　八路抢答器的主持人控制电路

5. 总电路

把上述电路连接起来就构成了八路抢答器的总电路。该电路由数码管显示抢答成功者的编号，由灯显示抢答成功者的对应二进制编码。每回抢答结束后，由开关（主持人）清零后才能开始新一轮的抢答。其仿真电路如图 8.6 所示。

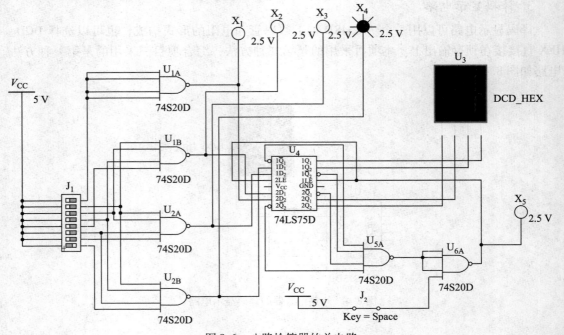

图 8.6　八路抢答器的总电路

8.1.6　结论

通过学习74LS75D、74S20D这两个芯片，掌握芯片的用法。并通过Multisim 12仿真八路抢答器，进一步熟悉了仿真软件的应用。这个八路抢答器电路可以经过仿真得出较理想的结果，说明电路图及原理是正确的。

8.1.7　思考题

定时抢答器的设计。主持人通过时间预设开关，预设供抢答的时间，系统将完成自动倒计时。若在规定的时间内有人抢答，则计时将自动停止；若在规定的时间内无人抢答，则提示主持人本轮抢答无效。

8.2　电子时钟的设计

8.2.1　实验目的

（1）掌握电子时钟的设计、组装与调试的方法。
（2）熟悉集成电路的使用方法。

8.2.2　实验要求

（1）设计一个有"时""分""秒"（23小时59分59秒）显示的电子时钟。
（2）用中规模集成电路组成电子时钟，并在Multisim 12中进行组装、调试。
（3）画出框图和逻辑电路图，写出设计、实验总报告。

8.2.3　实验条件

装有Mutisim 12软件的计算机。

8.2.4　总体设计和电路框图

1. 设计思路

（1）由秒时钟信号发生器、计时电路和校时电路构成电子时钟的总电路。
（2）秒时钟信号发生器可由555定时器构成。
（3）计时电路中采用两个六十进制计数器分别完成秒计时和分计时；二十四进制计数器完成时计时；采用译码器将计数器的输出译码后送入七段数码管显示。

2. 电路框图

电子时钟的电路框图如图8.7所示。

8.2.5　具体电路设计

1. 时钟信号发生器

由555定时器构成的1Hz时钟信号秒发生器如图8.8所示。电路产生1Hz的脉冲信号作

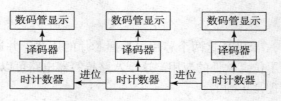

图 8.7　电子钟电路框图

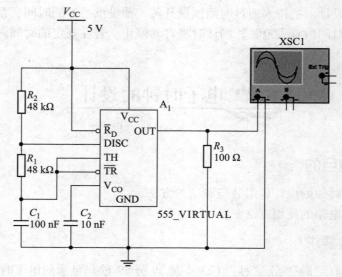

图 8.8　电子时钟的时钟信号发生电路

为总电路的输入时钟脉冲。

2. 模块的建立

模块是指用户自己建立的一种单元电路。将模块存放在用户器件库中，可以反复调用并使用模块。利用模块可使复杂系统的设计具有模块化、层次化，可增加设计电路的可读性，提高设计效率，缩短电路设计周期。由于电子钟是由几个子电路共同构成的，所以需要把每个电路定义成模块，这样整个电路就由几个模块构成，电路形式大大简化。

1）模块的创建

首先，模块需要与外部进行连接，所以需要对模块添加输入/输出功能。添加方法如下：执行"Place"→"Connectors"→"HB"→"SC Connecter"命令，屏幕出现输入/输出符号"IO1"，将该符号与模块电路的输入/输出信号端进行连接。注意，带有输入/输出符号的模块电路才能与外电路连接。如图 8.9 所示。

执行"Place"→"Replace by Subcircuit"命令，屏幕上出现 Subcircuit Name 对话框，在对话框中输入模块的名称，如"时钟"，单击"OK"按钮，完成模块的创建。如图 8.10 所示。

需要注意的是：建立的新模块不能复制、粘贴，只能在当前工程下应用或者调用。建立了新模块后，在原来的工程下就会出现一个新建的电路如图 8.11 所示。

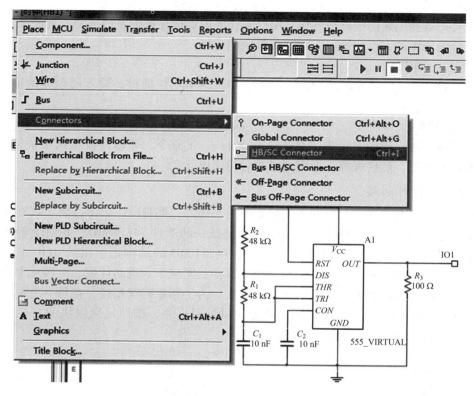

图 8.9 带有输入/输出符号的模块电路

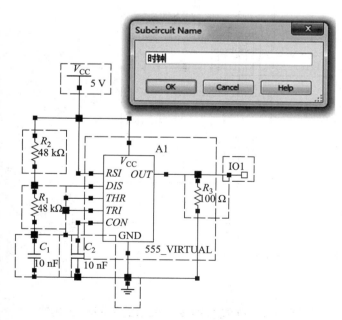

图 8.10 模块的建立

图 8.11 新建电路的位置

2）模块的选择

首先要把需要创建的电路放到仿真电路工作区内，按住鼠标左键拖动，选定模块。被选电路的部分由周围的方框标示，表示完成模块的选择。

3）模块的调用

执行"Place"→"Subcircuit"命令或使用"Ctrl + B"快捷键，输入已创建的模块名称，即可使用该模块。

4）模块的修改

双击模块，在出现的对话框中单击 Edit Subcircuit 命令，屏幕将显示该模块的电路图，直接修改该电路图，然后保存，即得到修改后的模块。

3. 分、秒计时电路

在数字钟的控制电路中，分和秒的控制都是一样的，都是由一个十进制计数器和一个六进制计数器串联而成。在电路的设计中采用的是统一的器件 74LS160D，并用反馈置数法来实现十进制计数功能和六进制计数功能，根据 74LS160D 的结构把输出的 0110（十进制为 6）用一个与非门 74LS00 引到 $\overline{CR}$ 端便可置 0，这样就实现了六进制计数。由两片十进制同步加法计数器 74LS160 级联构成，采用异步清零法。为了和数码管相连，在每一个输出端都会串联上一个 100Ω 的电阻。图 8.12 所示为分、秒计时电路，按照定义模块的方式分别把它们定义成秒模块和分模块。

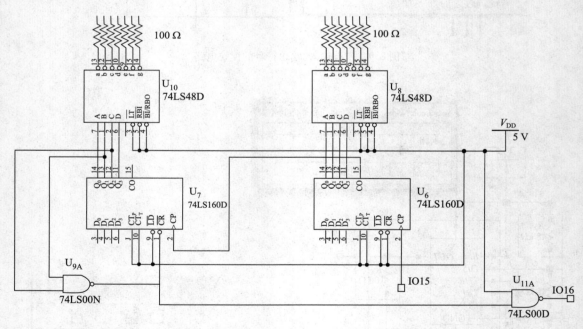

图 8.12　分、秒计时电路

4. 时计时电路

时计时电路由两片十进制同步加法计数器 74LS160 级联构成，采用的是同步置数法，U_1 输出的 0011（十进制为 3）与 U_2 输出的 0010（十进制为 2）经过与非门接两片的置数端。

图 8.13 为定义的时计时电路，按照定义模块的方式把它定义成时模块。

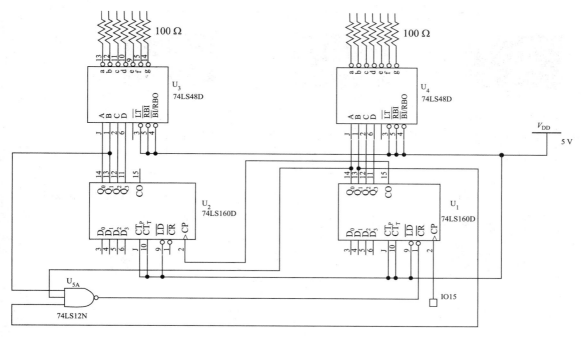

图 8.13 时计时电路

5. 显示电路

显示电路由共阴极的七段数码管和译码器 74LS48D 构成。为了区别颜色，这里采用的七段显示数码管的型号分别是：小时为 SEVEN – SEG – COM – K – BLUE，分钟为 SEVEN – SEG – COM – K – GREEN，秒为 SEVEN – SEG – COM – K – YELLOW。

6. 总电路

把上述模块按照秒、分钟、小时的顺序连接起来就组成了电子时钟的总电路。注意输入、输出的连接位置，电子时钟的总电路如图 8.14 所示。

8.2.6 结论

由振荡器、秒计时器、分计时器、时计时器、BCD – 七段显示译码/驱动器、LED 七段显示数码管构成的电子时钟电路，经过仿真可得出较理想的结果，说明电路图及思路是正确的。

8.2.7 思考题

（1）如何设置闹钟系统（上午 7 点 59 分发出闹钟信号，持续时间为 1min）？

（2）设置整点报时功能。在 59 分 51 秒，53 秒，55 秒，57 秒输出 500Hz 音频信号，在 59 分 59 秒输出 1kHz 信号，音响持续 1s，结束时刻为整点。

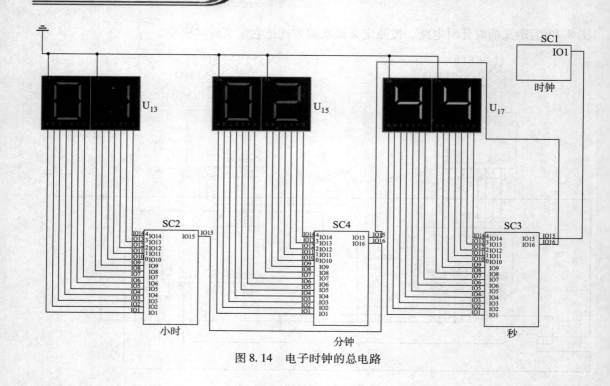

图 8.14　电子时钟的总电路

8.3　交通灯控制电路的设计

8.3.1　实验目的

（1）认识常用时序逻辑电路、译码显示电路、与非门电路等，并能正确选择及使用。

（2）熟悉交通灯控制电路。

（3）熟悉 Multisim 12 的操作环境，掌握用 Multisim 12 对交通灯控制电路进行仿真。

（4）会组装、调试交通灯控制电路。

8.3.2　实验要求

使用时序逻辑电路、译码显示电路、与非门电路设计一个交通灯控制电路，可以实现交通指挥的功能。东西方向的绿灯倒计时时间为30s，南北方向的绿灯倒计时时间为40s。

具体技术要求如下：

（1）使用译码显示电路，让七段数码管显示倒计时。

（2）交通灯启动开关闭合后，东西方向的绿灯倒计时时间为30s，然后，南北方向的绿灯倒计时时间为40s。

（3）交通灯复位开关被按倒下时，交通灯重新计时。

8.3.3　实验条件

装有 Mutisim 12 软件的计算机。

8.3.4 总体设计和电路框图

1. 设计思路

（1）计时器：使用两片74LS161和与非门74LS04，构成带进位功能的十进制倒计时计数器。在东西方向为绿灯亮，南北方向为红灯亮时，倒计时器从29倒计时到00；在东西方向为红灯亮，南北方向为绿灯亮时，倒计时器从39倒计时到00。

（2）控制器：使用74LS04、74LS20、74LS112组成控制电路。实现交替30s和40s的倒计时。在数码管上显示为29、28、…、02、01、00；39、38、…、02、01、00；29、28、……

（3）指示灯：倒计时为30s时，东西方向为绿灯亮，南北方向为红灯亮。倒计时为40s时，东西方向为红灯亮，南北方向为绿灯亮。

（4）启动：按下启动按钮，开始30s倒计时，计数为01时，下一个脉冲变为40s倒计时，以此类推。

（5）复位：按下复位按钮，倒计时重新从30s开始。

2. 电路框图（如图8.15所示）

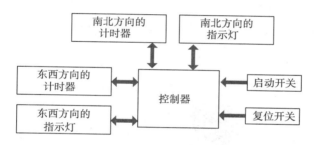

图8.15 交通灯控制电路的框图

8.3.5 具体电路设计

1. 倒计时计数器

倒计时部分利用二进制加法计数器74LS161的同步置数的功能，让计数器从6到15循环计数（6~15的对应二进制数分别是：0110、0111、1000、1001、1010、1011、1100、1101、1110、1111）；利用非门电路的功能，让6~15计数转换成9~0的倒计时（9~0的二进制数分别是：1001、1000、0111、0110、0101、0100、0011、0010、0001、0000）。仿真电路如图8.16所示。

如图8.16（a）所示电路的功能是实现30s倒计时。低位由74LS161、74LS04、74LS20组成的同步置数电路实现9~0的倒计时，高位由74LS161、74LS04、74LS20组成的异步置数电路实现2~0的倒计时。

如图8.16（b）所示电路的功能是实现40s倒计时。低位由74LS161、74LS04、74LS20组成的同步置数电路实现9~0的倒计时，高位由74LS161、74LS04、74LS20组成的异步置数电路实现3~0的倒计时。

对比分析图8.16（a）和图8.16（b），发现两者的区别仅是高位置数电路略有不同。令控制高位的电路依次置位为2和3，就实现了30s和40s轮流倒计时。

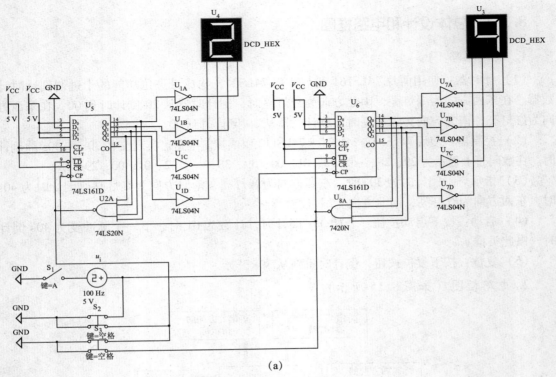

(a)

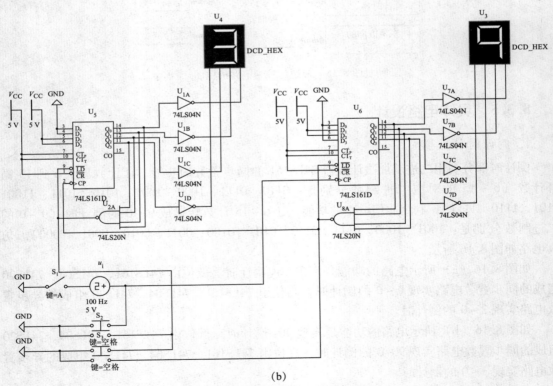

(b)

图 8.16 倒计时计数器仿真电路

（a）30s 倒计时；（b）40s 倒计时

2. 计时控制电路

使用 74LS04、74LS20、74LS112 组成电路。当由 29 倒计时到 01 时，电路输出为 1；当由 39 倒计时到 01 时，电路输出为 0。将电路的输出连接到倒计时电路的高位置数端，就实现了 30s 和 40s 倒计时的切换。仿真电路如图 8.17 所示。

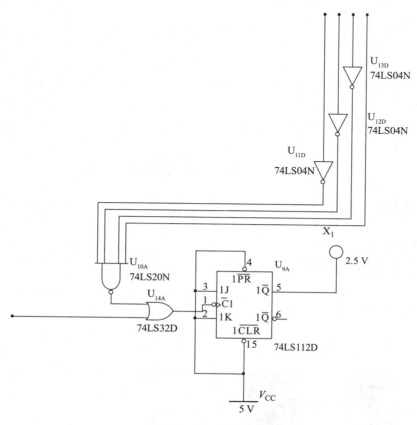

图 8.17　计时控制电路

3. 整体仿真电路

按照图 8.18 搭建电路。图中"空格"键控制的开关为复位开关，按下后，数值恢复到 29。A 键控制的开关为计时开关，闭合后开始倒计时。当 29s 倒计时结束后，计数器赋值为 39；当 39s 倒计时结束后，计时器赋值为 29。这样就完成了东西方向绿灯倒计时 30s，然后，南北方向绿灯倒计时 40s 的任务。

4. 子电路封装后的仿真电路

将电路进行封装。输入引脚有 3 个，其中 1 个是脉冲输入端，另两个是复位端。输出有 9 个，其中 8 个对应数码管的输入引脚，1 个对应控制交通灯。如图 8.19 所示。

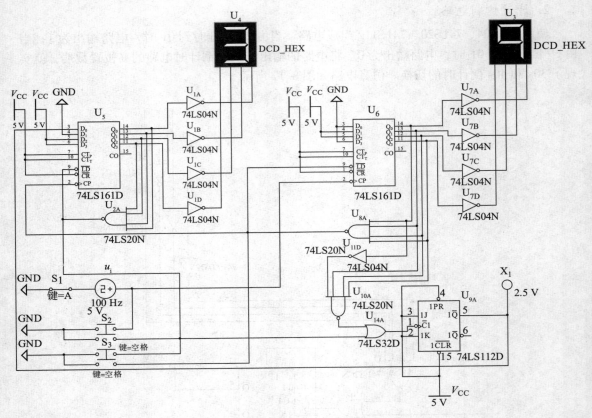

图 8.18　整体仿真电路

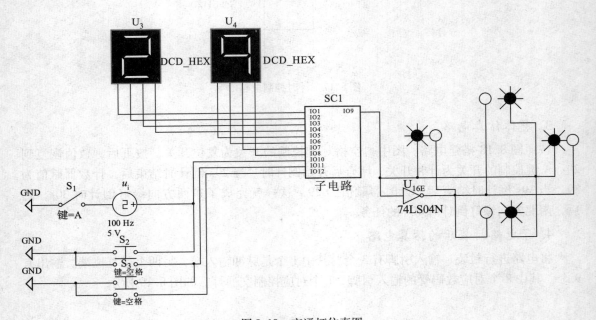

图 8.19　交通灯仿真图

8.3.6　结论

该任务是应用计数器设计一个交通灯控制电路。通过该任务的学习，应更加了解计数器的工作原理，对 Multisim 12 软件仿真有更深的理解和应用，还可以通过自己动手在实验箱上搭建电路锻炼动手能力。

8.3.7　思考题

如何用触发器构成交通灯控制电路？

数字电子技术
实验实训指导书

实 验 规 则

　　《数字电子技术实验实训指导书》主要的目的是培养学生分析问题和解决问题的能力，掌握与本课有关的实验技术并验证课堂中所讲内容。希望每个同学都能认真、仔细、严谨、实事求是地对待实验。

一、实验规则

　　（1）实验前必须完成指定的各项准备（如：预习实验指导书，掌握电路的工作原理，明确实验任务，甚至拟定实验方案）。

　　（2）使用仪器设备前必须了解仪器的用法、注意事项，并严格遵守操作规程。

　　（3）必须征得指导教师允许后，方可进行实验。

　　（4）实验过程中仔细观察现象，并做好记录。

　　（5）如发生事故应立即切断电源，保持现场并立即报告指导教师。如果发生仪器设备损坏必须认真检查原因，从中吸取教训，并按规定的办法赔偿。

　　（6）保持实验室的整洁、安静，禁止吸烟。

　　（7）不乱拿其他组的仪器、工具，不乱动、乱扭仪器设备。

　　（8）实验结束后把仪器、设备、导线等整理好，打扫实验室卫生。

二、实验报告要求

　　（1）对实验结果可进行小组集体分析、讨论，但实验报告须独立完成。

　　（2）实验报告在课后完成，并在下次实验时上交。报告内容包括：

①实验中观测和记录的数据和现象，根据数据所计算得到的实验结果；

②实验内容中要求的理论分析或图表、曲线；

③讨论实验结果、心得体会、意见和建议。

实验一 逻辑门电路的测试

一、实验目的

（1）掌握常用集成逻辑门的逻辑功能，熟悉其外形和外引线排列。

（2）掌握门电路逻辑功能的测试方法。

二、实验设备

（1）数模综合实验箱。

（2）数字式万用表。

（3）集成电路74LS00（2输入四与非门）。

三、实验原理

实验使用的集成电路采用的是双列直插式封装形式的集成电路，其引脚的识别方法为：将集成电路的正面（印有集成电路型号标记的一面）对着使用者，集成电路上的标识字朝上（或表面的凹口）。左下第一脚为1脚，其余按逆时针方向的顺序排布。

所用与非门为74LS00，其引脚排列如图9.1所示。14脚接电源正极、7脚接地。其他引脚间的逻辑关系为 $3 = \overline{1 \cdot 2}$、$6 = \overline{4 \cdot 5}$、$8 = \overline{9 \cdot 10}$、$11 = \overline{12 \cdot 13}$。

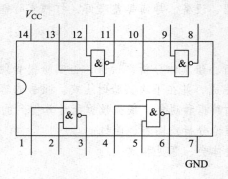

图9.1 74LS00引脚排列

四、实验内容

1. 与非门逻辑功能的测试

（1）按图9.2所示接线。

（2）按表9.1的要求用开关改变输入端 A、B 的状态，借助逻辑指示灯，把测试结果填入表中。

2. 用"与非门"组成下列电路，并测试它们的功能

（1）"或"门，$Z = A + B$。

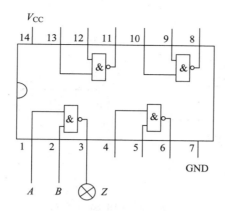

图 9.2　与非门逻辑功能的测试电路

（2）"与"门，$Z = A \cdot B$。

（3）"或非"门，$Z = \overline{A + B}$。

（4）"与非"门，$Z = \overline{ABC}$。

五、实验数据

1. 逻辑门电路的测试

完成表 9.1 的填写。

表 9.1　与非门逻辑功能的测试记录表

输入逻辑状态		输出逻辑状态
A	B	Z
0	0	
0	1	
1	0	
1	1	

2. 组成逻辑电路（如图 9.3 和图 9.4 所示）

（1）$Z = A + B = \overline{\overline{A + B}} = \overline{\overline{A} \cdot \overline{B}}$。

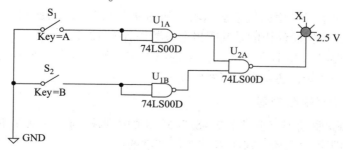

图 9.3　逻辑门电路测试（1）

(2) $Z = A \cdot B = \overline{\overline{A \cdot B}}$。

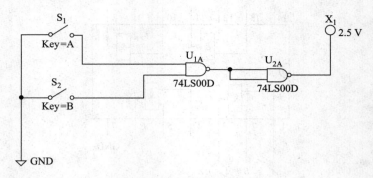

图 9.3　逻辑门电路测试（2）

(3) $Z = \overline{A + B} = \overline{A} \cdot \overline{B} = \overline{\overline{\overline{A} \cdot \overline{B}}}$。

(4) $Z = \overline{ABC} = \overline{(A \cdot B) \cdot C} = \overline{\overline{\overline{(A \cdot B)} \cdot C}}$。

实验二　译码显示电路

一、实验目的

（1）熟悉数码管的使用。

（2）了解译码显示器的电路原理。

（3）掌握 BCD – 七段译码/驱动器的使用方法。

二、实验设备

（1）数字电路实验箱。

（2）74LS48。

（3）共阴极七段数码管 BS12.7。

三、实验原理

1. 共阴极七段数码管 BS12.7

LED 数码管是目前最常用的数字显示器，如图 9.5（a）、图 9.5（b）所示为共阴极管和共阳极管的电路。本实验使用的是共阴极七段数码管 BS12.7。

LED 数码管若要显示 BCD 码所表示的十进制数字，就需要有一个专门的译码器，该译码器不但要完成译码功能，还要有相当的驱动能力。

2. BCD – 七段译码/驱动器

BCD – 七段译码/驱动器（共阴）7448/74LS48 的引脚排列如图 9.6 所示，它可直接驱动一位 LED 七段共阴极数码管。7448 相当于国产型的 4248。

（1）$DCBA$ 为编码输入（BCD 码）。

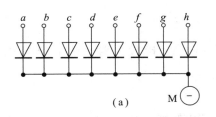

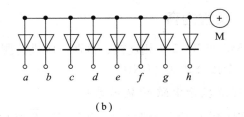

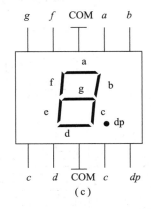

图 9.5 LED 数码管

（a）共阴极连接（"1"电平驱动）；（b）共阳极连接（"0"电平驱动）；

（c）BS12.7 的引脚排列

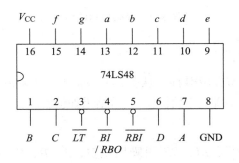

图 9.6 74LS48 的引脚排列

（2）$a \sim g$ 为译码输出，高电平有效，$a \sim g$ 分别对应 LED 数码管的 $a \sim g$ 段。

（3）$\overline{LT}$：灯测试输入端。当 $\overline{LT} = 0$ 时，$a \sim g$ 均为 1，数码管七段同时点亮，以检查数码管的各段能否正常发光。

（4）$\overline{BI}$：灭灯输入端。若 $\overline{BI} = 0$，则 $a \sim g$ 均为 0。$\overline{BI}$ 优先于 $\overline{LT}$。

（5）$\overline{RBI}$：灭 0 输入端。若输入 $DCBA = 0000$，且 $\overline{RBI} = 0$，则 $a \sim g$ 均为 0，即数码管不显示 0。若输入其他代码，则正常输出。$\overline{RBI}$ 可以用来熄灭不希望显示的 0。如 0013.23000，显然前两个 0 和后 3 个 0 均无效，可用 $\overline{RBI}$ 使之熄灭。

（6）$\overline{RBO}$：灭 0 输出端，该端与 $\overline{BI}$ 共用一个引脚。$\overline{RBO} = \overline{\overline{LT} \cdot \overline{D} \cdot \overline{C} \cdot \overline{B} \cdot \overline{A} \cdot \overline{RBI}}$。当 $\overline{LT} = 1$，$\overline{RBI} = 0$，且 $DCBA = 0000$ 时，$\overline{RBO} = 0$。注意：$\overline{BI}$ 与 $\overline{RBO}$ 统一标注时，只标一个非号，表示"共用"。

四、实验内容

74LS48 与 BS12.7 相连接,接通电源进行测试。注意:BS12.7 管的两个 COM 引脚中至少要有一个接公共地(GND)。

1. 测试显示电路的显示结果

依据图 9.7 所示连接电路,并将 $\overline{LT}$、$\overline{BI/RBO}$、$\overline{RBI}$ 都接高电平或悬空。改变输入信号的状态,观察记录数码管的显示情况。

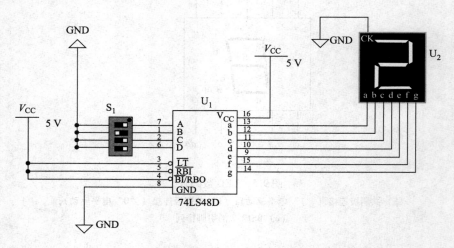

图 9.7 译码显示电路

2. 测试"灯测试功能"

$\overline{LT}$ 端接低电平"0",$\overline{RBI}$、$\overline{BI}$ 引脚均悬空,A、B、C、D 接逻辑电平开关,记录数码管的显示结果。当 A、B、C、D 取不同值时,显示结果如何?

3. 测试"灭灯功能"

$\overline{BI/RBO}$ 端接低电平"0",$\overline{LT}$、$\overline{RBI}$ 引脚均悬空,A、B、C、D 接逻辑电平开关,记录数码管的显示结果。当 A、B、C、D 取不同值时,显示结果如何?

4. 测试"灭 0 功能"

$\overline{RBI}$ 端接低电平"0",$\overline{BI/RBO}$、$\overline{LT}$ 均悬空,A、B、C、D 接逻辑电平开关。当输入 $DCBA = 0000$ 时,记录数码管的显示结果和 $\overline{BI/RBO}$ 的输出。当输入 $DCBA$ 不为 0000 时,再次记录数码管的显示结果和 $\overline{BI/RBO}$ 的输出。

五、实验数据

完成表 9.2 的填写。

表 9.2 译码显示电路的测试表

$\overline{LT}$	$\overline{BI/RBO}$	$\overline{RBI}$	D	C	B	A	显示
1	1	1	0	0	0	0	
1	1	1	0	0	0	1	
1	1	1	0	0	1	0	
1	1	1	0	0	1	1	
1	1	1	0	1	0	0	
1	1	1	0	1	0	1	
1	1	1	0	1	1	0	
1	1	1	0	1	1	1	
1	1	1	1	0	0	0	
1	1	1	1	0	0	1	
1	1	1	1	0	1	0	
1	1	1	1	0	1	1	
1	1	1	1	1	0	0	
1	1	1	1	1	0	1	
1	1	1	1	1	1	0	
1	1	1	1	1	1	1	

实验三　数据选择器的设计

一、实验目的

（1）掌握中规模集成数据选择器的逻辑功能及使用方法。
（2）学习用数据选择器作逻辑函数产生器的方法。

二、实验设备

（1）数模综合实验箱。
（2）导线若干、74LS151 芯片。

三、实验原理

数据选择器又叫"多路开关"。数据选择器在地址端（或叫选择控制端）电位的控制下，从几个数据输入中选择一个并将其送到一个公共的输出端。数据选择器的功能类似一个多掷开关，八选一数据选择器 74LS151 为互补输出的八选一数据选择器，引脚排列如图 9.8 所示。

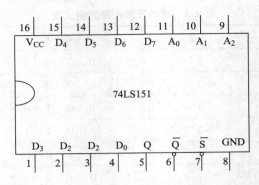

图 9.8　74LS151 的引脚排列

图中，$\bar{S}$ 为使能端，低电平有效。八路数据 $D_0 \sim D_7$，通过选择控制信号 A_2、A_1、A_0（地址码），按二进制译码，从 $D_0 \sim D_7$ 这 8 路数据中选中某一路数据送至输出端 Q。

（1）使能端 $\bar{S} = 1$ 时，不论 $A_2 \sim A_0$ 状态如何，均无输出（$Q = 0$，$\bar{Q} = 1$），多路开关被禁止。

（2）使能端 $\bar{S} = 0$ 时，多路开关正常工作，根据地址码 A_2、A_1、A_0 的状态，选择 $D_0 \sim D_7$ 中的某一个通道的数据输送到输出端 Q。

如 $A_2 A_1 A_0 = 000$，则选择 D_0 数据输送到输出端，即 $Q = D_0$。

如 $A_2 A_1 A_0 = 001$，则选择 D_1 数据输送到输出端，即 $Q = D_1$，其余类推。

其中：

$$Q = \bar{A}_2\,\bar{A}_1\,\bar{A}_0 D_0 + \bar{A}_2\,\bar{A}_1 A_0 D_1 + \bar{A}_2 A_1\,\bar{A}_0 D_2 + \bar{A}_2 A_1 A_0 D_3$$
$$+ A_2\,\bar{A}_1\,\bar{A}_0 D_4 + A_2\,\bar{A}_1 A_0 D_5 + A_2 A_1\,\bar{A}_0 D_6 + A_2 A_1 A_0 D_7$$

四、实验内容

1. 测试八选一数据选择器的基本功能

八选一数据选择器 74LS151 的引脚排列如图 9.8 所示。连上电源（+5V）和地，使能端 $\bar{S}$ 接逻辑电平开关，选择控制端（地址端）接逻辑电平开关，输出端接逻辑电平显示器。接通电源，进行测试，将对应结果填入表 9.3 中。

2. 用八选一数据选择器 74LS151 实现逻辑函数

实现的逻辑函数：

$$F = A\bar{B} + \bar{A}C + B\bar{C}$$

（1）写出设计过程，画出接线图。

（2）验证逻辑功能。

提示：

$$F = A\bar{B} + \bar{A}C + B\bar{C} = A\bar{B}C + A\bar{B}\bar{C} + \bar{A}BC + \bar{A}\,\bar{B}C + AB\bar{C} + \bar{A}B\bar{C}$$

令：

$$A_2 = A,\ A_1 = B,\ A_0 = C$$

则有：

$$F = A_2\,\bar{A}_1 A_0 + A_2\,\bar{A}_1\,\bar{A}_0 + \bar{A}_2 A_1 A_0 + \bar{A}_2\,\bar{A}_1 A_0 + A_2 A_1\,\bar{A}_0 + \bar{A}_2 A_1\,\bar{A}_0$$

因为有：

$$Q = \overline{A_2}\,\overline{A_1}\,\overline{A_0}D_0 + \overline{A_2}\,\overline{A_1}A_0D_1 + \overline{A_2}A_1\overline{A_0}D_2 + \overline{A_2}A_1A_0D_3 +$$
$$A_2\overline{A_1}\,\overline{A_0}D_4 + A_2\overline{A_1}A_0D_5 + A_2A_1\overline{A_0}D_6 + A_2A_1A_0D_7$$

若：

$$D_5 = D_4 = D_3 = D_1 = D_6 = D_2 = 1, \quad D_0 = D_7 = 0$$

那么有：

$$Q = F$$

五、实验数据

1. 测试结果

将测试结果填入表9.3中。

表9.3　八选一数据选择器的测试结果

输入	控制				输出
	$\overline{S}$	A_2	A_1	A_0	Q
$D_0 = 1$，其余为 0	0				1
$D_1 = 1$，其余为 0	0				1
$D_2 = 1$，其余为 0	0				1
$D_3 = 1$，其余为 0	0				1

2. 计算结果

$$F = A\overline{B} + \overline{A}\,C + B\overline{C}$$

按图9.9所示接线，将计算结果填入表9.4中。

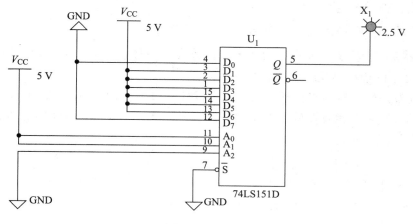

图9.9　接线图

表 9.4　根据接线图计算结果

C	B	A	F
0	0	0	
1	1	0	
A_2	A_1	A_0	Q
0	0	0	
1	1	0	

实验四　触发器的逻辑功能与应用

一、实验目的

（1）掌握集成触发器的逻辑功能及使用方法。
（2）熟悉触发器之间相互转换的方法。

二、实验设备

（1）数模综合实验箱。
（2）导线若干、74LS112 芯片。

三、实验原理

触发器具有两个稳定状态，用以表示逻辑状态"1"和"0"，在一定的外界信号作用下，可以从一个稳定状态翻转到另一个稳定状态，它是一个具有记忆功能的二进制信息存储器件，是构成各种时序电路最基本的逻辑单元。

1. 74LS112 双 JK 触发器的引脚排列及逻辑符号

JK 触发器是功能完善、使用灵活和通用性较强的一种触发器。本实验采用 74LS112 双 JK 触发器，是下降边沿触发的边沿触发器。

引脚功能及逻辑符号如图 9.10 所示。一片 74LS112 含有两个 JK 触发器，两个触发器功能上是独立的，第一个触发器的引脚均以"1"开头表示，第二个触发器的引脚均以"2"开头表示。

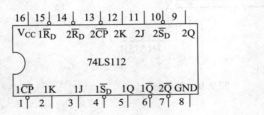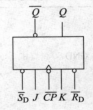

图 9.10　74LS112 双 JK 触发器的引脚排列及逻辑符号

2. JK 触发器的功能描述

JK 触发器的状态方程为：$Q^{n+1} = J\bar{Q}^n + \bar{K}Q^n$

3. 注意事项

（1）Q 与 $\bar{Q}$ 为两个互补输出端。通常把 $Q=0$、$\bar{Q}=1$ 的状态定为触发器"0"状态；而把 $Q=1$，$\bar{Q}=0$ 定为"1"状态。

（2）Q^n 和 Q^{n+1}：二者都是 Q 端的输出。设时钟脉冲作用之前的时刻为 T^n，此时 Q 端的输出即为 Q^n；时钟脉冲作用之后的时刻为 T^{n+1}，此时 Q 端的输出即为 Q^{n+1}。

（3）异步置位端 $\bar{S}_D$ 和异步复位端 $\bar{R}_D$。Q^n 的状态可由异步置位端 $\bar{S}_D$ 和异步复位端 $\bar{R}_D$ 直接实现，其优先级高于 $\overline{CP}$、J、K 端的输入信号。异步置位或异步复位后，应将 $\bar{S}_D$ 和 $\bar{R}_D$ 恢复到高电平输入状态，只有这样触发器才能在时钟脉冲 $\overline{CP}$、数据输入 J、K 的作用下，进入正常的工作状态。

4. 触发器之间的相互转换

在集成触发器的产品中，每一种触发器都有自己固定的逻辑功能。但通过转换的方法可获得具有其他功能的触发器。例如，将 JK 触发器的 J、K 两端连在一起，并确定它为 T 端，就得到所需的 T 触发器。如图 9.11 所示，其状态方程为：$Q^{n+1} = T\bar{Q}^n + \bar{T}Q^n$

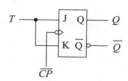

图 9.11　JK 触发器转换为 T 触发器

由状态方程可见，当 $T=0$ 时，时钟脉冲作用后，其状态保持不变；当 $T=1$ 时，时钟脉冲作用后，触发器状态翻转。因此，若将 T 触发器的 T 端置"1"，在 $\overline{CP}$ 端每来一个 $\overline{CP}$ 脉冲信号，触发器的状态就翻转一次，故称之为翻转触发器，其广泛用于计数电路中。

四、实验内容

（1）测试双 JK 触发器 74LS112 的 $\bar{R}_D$、$\bar{S}_D$ 端的复位、置位功能，将数据记录于表 9.5 中。

表 9.5　复位、置位功能测试

输　　入		输　　出	
$\bar{S}_D$	$\bar{R}_D$	Q	$\bar{Q}$
0	1		
1	0		
1	1		
0	0		

（2）测试 JK 触发器的逻辑功能（见图 9.12、表 9.6）。

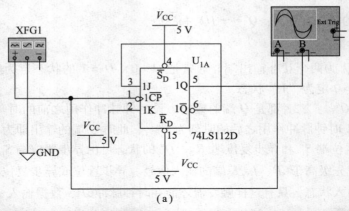

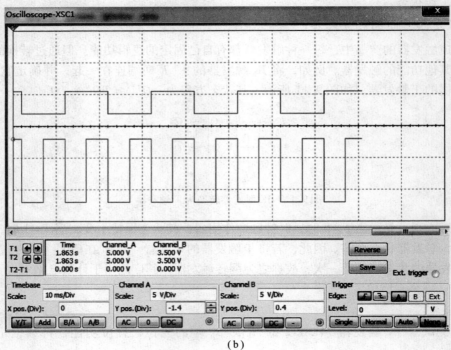

(b)

图 9.12 测试 JK 触发器的逻辑功能

$Q^{n+1} = J\overline{Q}^n + \overline{K}Q^n$，因为 $K = 1$，$J = \overline{Q}^n$，所以 $Q^{n+1} = J\overline{Q}^n + \overline{K}Q^n = Q^{n+1} = \overline{Q}^n\overline{Q}^n +$ 0、$Q^n = \overline{Q}^n$。

表 9.6 测试结果

脉冲	$\overline{Q}^n$	Q^{n+1}
下降沿	0	
下降沿	1	

实验五　时序逻辑电路

一、实验目的

（1）熟悉中规模集成计数器 74LS161 的逻辑功能和使用方法。
（2）掌握构成任意进制计数器的方法。

二、实验设备

（1）数字电路实验箱。
（2）74LS161 同步加法二进制计数器。
（3）74LS002 输入四与非门。

三、实验原理

计数器是一个用以实现计数功能的时序部件，它不仅可用来计脉冲数，还常用作数字系统的定时、分频和执行数字运算以及其他特定的逻辑功能。

计数器种类很多。按构成计数器中的各触发器是否使用一个时钟脉冲源来分，有同步计数器和异步计数器；根据计数制的不同，分为二进制计数器、十进制计数器和任意进制计数器；根据计数的增减趋势，又分为加法、减法和可逆计数器。还有可预置数和可编程序功能的计数器等。目前，无论是 TTL 还是 CMOS 集成电路，都有品种较齐全的中规模集成计数器。使用者只要借助器件手册提供的功能表和工作波形图以及引脚的排列，就能正确地运用这些器件。

1. 中规模同步二进制计数器 74LS161

其引脚排列如图 9.13 所示，功能表见表 9.7。

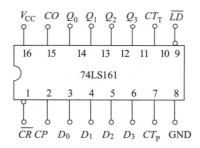

图 9.13　74LS161 的引脚排列

表 9.7　**74LS161 的功能表**

输入									输出/功能			
$\overline{CR}$	$\overline{LD}$	CT_T	CT_P	CP	P_0	P_1	P_2	P_3	Q_0	Q_1	Q_2	Q_3
0	×	×	×	×	×	×	×	×	0	0	0	0

输入									输出/功能			
$\overline{CR}$	$\overline{LD}$	CT_T	CT_P	CP	P_0	P_1	P_2	P_3	Q_0	Q_1	Q_2	Q_3
1	0	×	×	↑	d_0	d_1	d_2	d_3	d_0	d_1	d_2	d_3
1	1	1	1	↑	×	×	×	×	计	数		
1	1	0	×	×	×	×	×	×	保	持		
1	1	×	0	×	×	×	×	×	保	持		

2. 集成计数器构成任意进制计数器

1）直接清零法

直接清零法是利用芯片的复位端和与非门，将 N 所对应的输出二进制代码中等于"1"的输出端，通过与非门反馈到集成芯片的复位端，使输出回零。

2）预置数法

利用的是芯片的预置数控制端 $\overline{LD}$ 和预置数输入端 $D_3 D_2 D_1 D_0$，因是同步预置数，所以只能采用 $N-1$ 值反馈法。

3）进位输出置最小数法

进位输出置最小数法是利用芯片的预置数控制端 $\overline{LD}$ 和进位输出端 CO，将 CO 端输出经非门送到 $\overline{LD}$ 端，令预置数输入端 $D_3 D_2 D_1 D_0$ 输入最小数 M 所对应的二进制数，最小数 $M = 2^4 - N$。

4）级联法

一片 74LS161 可构成从二进制到十六进制之间任意进制的计数器。利用两片 74LS161，就可构成从二进制到二百五十六进制之间任意进制的计数器。以此类推，可根据计数需要选取芯片的数量。当计数器容量需要采用两块或更多的同步集成计数器芯片时，可以采用级联方法：将低位芯片的进位输出端 CO 和高位芯片的计数控制端 CT_T 或 CT_P 直接连接，外部计数脉冲同时从每片芯片的 CP 端输入，再根据要求，选取上述 3 种实现任意进制的方法，完成对应电路。

四、实验内容

（1）测试 74LS161 的逻辑功能，用数码显示管显示。并记录结果于表 9.8 中。

表 9.8　74LS161 逻辑功能测试表

计数脉冲 CP	计数逻辑状态				十进制数
	Q_3	Q_2	Q_1	Q_0	
0					
1					
2					
3					
4					

续表

计数脉冲 CP	计数逻辑状态				十进制数
	Q_3	Q_2	Q_1	Q_0	
5					
6					
7					
8					
9					
10					
11					
12					
13					
14					
15					

（2）用清零法将 74LS161 构成一个十进制计数器。

参考图 9.14 搭接电路，并画出状态转换图，如图 9.15 所示。仿真结果如图 9.16 所示。

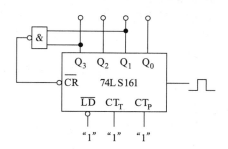

图 9.14　74LS161 构成十进制计数器

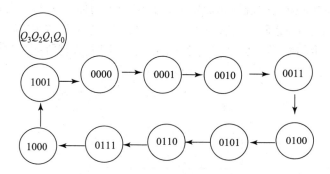

图 9.15　十进制计数器的状态转换图

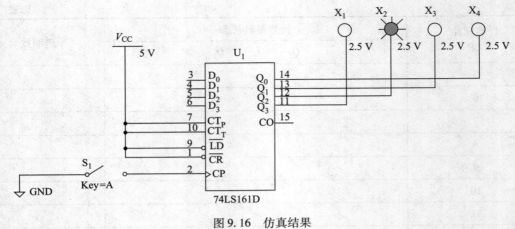

图 9.16　仿真结果

实验六　555 定时器及其应用

一、实验目的

学习用 555 定时器构成方波发生器。

二、实验设备

（1）双踪示波器。

（2）数模综合实验箱。

（3）数字万用表。

三、实验内容

1. 学习用 555 定时器构成方波发生器

555 定时器是一种双极型中规模集成电路，其引脚排列如图 9.17。在该电路外另接简单 RC 电路即可构成多谐、单稳态、施密特触发器，还可以构成基本 RC 触发器等，可用于定时、延时、波形的产生与整形，是目前应用范围广、使用灵活且价廉的器件。

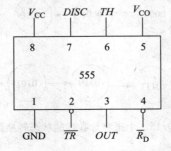

图 9.17　555 定时器的引脚排列

用 555 定时器构成的方波发生器电路如图 9.18 所示。

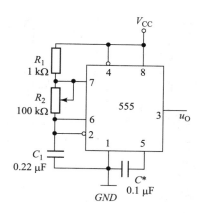

图 9.18　555 定时器构成的方波发生器电路

按要求在图 9.19 中绘出波形。

充电时间为：

$$t_1 = (R_1 + R_2)CLn2 = 0.7(R_1 + R_2)C$$

放电时间为：

$$t_2 = R_2CLn2 = 0.7R_2C$$

振荡频率为：

$$f = \frac{1}{t_1 + t_2} \approx \frac{1.44}{(R_1 + 2R_2)C}$$

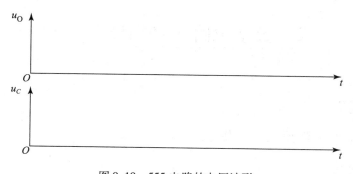

图 9.19　555 电路的电压波形

适当调节 R_2，在示波器上测出 u_C 和 u_O 的波形，测量频率 f 和 R_2 的阻值，并与理论值比较。

2. 用 555 定时器构成双态笛音电路

由 555 定时器构成双态笛音电路如图 9.20 所示，属于两级多谐振荡器，第一级的工作频率由 R_1、R_2 和 C_1 决定，$f_1 \approx 1.43/[(R_1 + 2R_2)C_1]$。第二级的振荡频率由 R_3、R_4、C_2 决定，并且受 u_{O1} 控制，$f_2 \approx 1.43/[(R_3 + 2R_4)C_2]$，$f_2 \approx 700\text{Hz} \sim 10\text{kHz}$，由 R_4 调节。u_{O2} 的输出可推动扬声器发出断续的笛音。工作波形如图 9.21 所示，调节 R_4，可改变间歇脉冲的个数。用示波器观察波形，并与理论波形进行比较，并调节 R_4，观察间歇脉冲的改变。

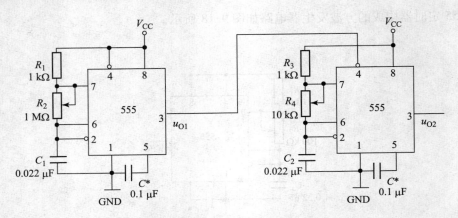

图 9.20 用 555 定时器构成的双态笛音电路

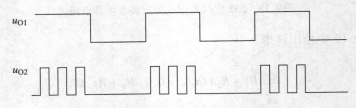

图 9.21 双态笛音电路的工作波形

四、实验总结

记录实验波形及参数，分析实验结果。

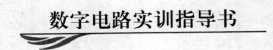

数字电路实训指导书

一、项目名称

八路智力竞赛抢答器的设计、安装与调试。

二、设计要求

（1）设置 8 个抢答器按钮。抢答器按钮的编号为 1、2、3、4、5、6、7、8。最多可容纳八人（8 组）参赛。

（2）显示功能。设置一位 LED 数码管，显示抢答选手的号码。

（3）抢答器具有数据锁存功能。若参赛者按动按钮，锁存器立刻锁存最先按下的按钮编号，数码管将其显示出来。以后再按下按钮将不起作用，即电路进入"锁定状态"。抢答器抢答分辨率为 1 ms。

（4）"主持人清零"功能。设置主持人清零按钮。在抢答器按钮为常态时，主持人按下清零按钮，电路解除锁定状态，进入准备状态，此时，数码管显示"0"，允许抢答。

三、电路设计与工作原理

1. 电路框图（如图9.22所示）

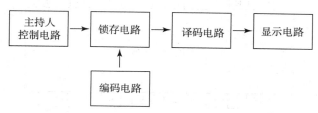

图9.22 八路智力竞赛抢答器的电路框图

2. 工作原理

（1）编码电路：八路抢答按钮输入，低电平有效。输出4位二进制编码。有抢答时输出相应的按钮编号对应的二进制编码，无抢答时输出"0000"。

（2）锁存电路：当编码电路输出为"0000"时（无抢答），主持人按下清零按钮，锁存器解除锁存，进入准备状态，此时，数码管显示"0"，允许抢答。然后开始抢答。例如，若6号选手最先按下按钮，那么编码器将6号选手的号码"6"，编成4位二进制数"0110"，传入锁存器；以后再按下按钮将不起作用，即电路进入锁定状态；锁存器将编码锁存后进一步传送到译码器，经译码器译码后传送到LED显示管。最终在数码管上显示"6"，表示6号选手抢答成功。设置锁存器的目的有两个：其一是锁存最先按下的按钮编号，用于显示；其二是阻断后续按钮动作产生的影响。

（3）译码电路：将锁存器输出的4位二进制码译成LED数码管所要求的七段码。

（4）显示电路：采用一位七段LED数码管。显示"0"表示无抢答，电路处于准备状态，允许抢答；显示"1"~"8"时，表示抢答按钮编号，电路处于锁定状态。

（5）主持人控制电路：主持人按下按钮，使锁存器清零，电路解除锁定状态，进入准备状态，LED显示管显示"0"，等待下一次抢答。

四、元器件资料

（1）给定元器件及材料：3片74LS20、一片74LS75、一片74LS48、一只共阴极数码管、一块电路板、导线若干。

（2）74LS20的引脚排列：内含两组4输入与非门，如图9.23所示。

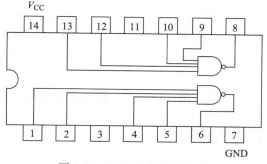

图9.23 74LS20的引脚排列

第1组：1、2、4、5为输入；6为输出。第2组：9、10、12、13为输入；8为输出。

（3）74LS75锁存器的引脚排列及功能见图9.24和表9.9。

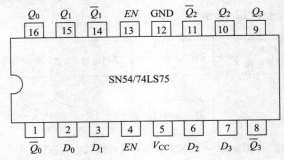

图9.24　74LS75的引脚排列

表9.9　74LS75的功能表

EN	D	Q	$\overline{Q}$
1	0	0	1
1	1	1	0
0	×	保持	保持

（4）译码器74LS48引脚排列及功能如图9.25所示。

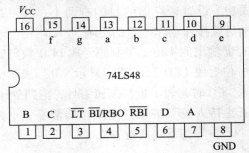

图9.25　74LS48的引脚排列

$\overline{LT}$：试灯输入，是为了检查数码管各段能否正常发光而设置的。当$\overline{LT}=0$时，无论输入D、C，B、A为何种状态，译码器输出均为低电平，若驱动的数码管正常，则显示8。

$\overline{BI}$：灭灯输入，是为控制多位数码显示的灭灯所设置的。当$\overline{BI}=0$时，不论$\overline{LT}$和输入D、C、B、A为何种状态，译码器输出均为低电平，共阴极数码管熄灭。

$\overline{RBI}$：灭零输入，它是为使不希望显示的0熄灭而设定的。当$D=C=B=A=0$时，本应显示0，但是在$\overline{RBI}=0$的作用下，译码器输出全为低电平。其结果和加入灭灯信号的结果一样，将0熄灭。

RBO：灭零输出，它和灭灯输入$\overline{BI}$共用一端，两者配合使用，可以实现多位数码显示的灭零控制。

（5）数码管的引脚排列如图9.26所示。

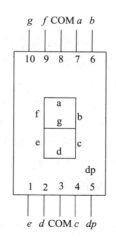

图 9.26　共阴极数码管的引脚排列

五、工艺要求

（1）整体布局合理、美观，满足电磁兼容性的要求。

（2）采用 90°或 45°布线。

（3）焊接可靠、美观、无虚焊。

六、调试及排除故障

1. 无显示

（1）检查 +5V 电源是否接通。

（2）检查数码管 COM 端是否接地。

（3）如果 74LS48 的 $\overline{LT}$ 端输入"0"，数码管显示"8"，则说明数码管和 74LS48 工作正常。否则说明数码管和 74LS48 有故障。

2. 数码管显示 0 ~ 9 之外的非数字字形

检查 74LS48 的 DCBA 输入所对应的十进制值，如果小于 9，则说明故障可能是由 74LS48 与数码管各段的连接顺序不对所致，否则应该检查前级电路。

3. 显示不能锁存

抢答钮按下后，显示正常，但是按钮释放后显示立刻变为"0"，即不能锁存。故障肯定在锁存电路中。检查方法：

（1）按下某一抢答按钮且不释放，位查 74LS75 的第 4 脚、第 13 脚的电平，正常时均为低电平，否则不正常，应检查相应电路。

（2）如果第（1）步正常，那么把抢答按钮释放，此时检查 74LS75 的第 4 脚、第 13 脚的电平，正常时均为低电平，否则不正常，应检查相应电路，尤其是主持人控制电路。

（3）如果第（1）步和第（2）步均正常，但仍然不锁存，则故障在 74LS75。首先，应检查有无焊接错误，如仍不能排除故障，则应更换 74LS75。

4. 编码错误

故障现象较多，仅举一例，其他类似故障可参考本例排除。

错误之一：只显示单数号码，不显示双数号码。如：7号钮抢答时显示"7"，但6号钮抢答时仍然显示"7"；5号钮抢答时显示"5"，但4号钮抢答时仍然显示"5"。分析故障原因：双数号码的编码最后一位是"0"，单数号码的编码最后一位是"1"，二者的区别仅在最后一位。之所以出现上述错误，是因为最后一位由"0"变成了"1"。例如：74LS48的第7脚（数据输入端A）虚焊，造成引脚悬空，相当于总输入1，不能变成低电平，就会造成这种故障现象。本故障可能发生在编码电路、锁存电路及译码电路中，但只要抓住"编码最后一位"这个关键，本故障不难排除。

5. 显示锁定不变

电路接通电源后，显示某一数字，但抢答后，显示不变化。此类故障一般出在锁存电路中。

正常工作情况：无抢答时，主持人按下清零按钮，锁存器解除锁存，电路进入准备状态，此时，74LS75的第4脚、第13脚均为高电平。抢答后，电路进入锁定状态，74LS75的第4脚、第13脚均为低电平。否则，应该根据测试结果，检查相应电路，排除故障。

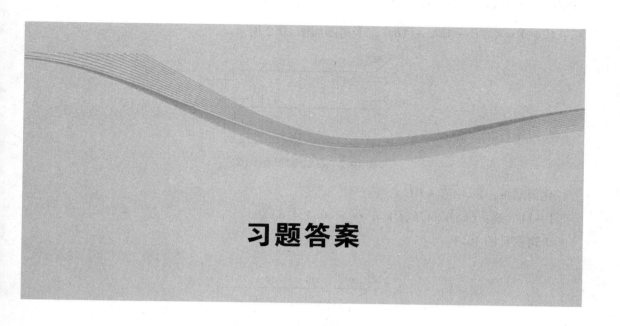

习题答案

项目一

1－1　解：A。　　1－2 解：D。　　1－3　解：B。

1－4　解：$(1101)_2 = (15)_8 = (13)_{10} = (D)_{16}$。

1－5　解：$(110.011)_2 = (6.3)_8 = (6.327)_{10} = (6.6)_{16}$。

1－6　解：$(110)_{10} = (1101110)_2 = (156)_8 = (6E)_{16}$。

1－7　解：250 的 BCD 码是 0010 0101 0000。

1－8　解：$Y = \bar{A}BC + \bar{A}\bar{B}\,\bar{C} + A\bar{B}C$。

1－9　解：（1）$Y = AB + AC + BC$；

（2）$Y = B$；

（3）$Y = A + \bar{B} + C$；

（4）$Y = ACEF + ACD + \bar{A}\bar{B}$。

1－10　解：（1）$Y = ABC + \bar{A}BC + \bar{A}\bar{B}C + A\bar{B}C + A\bar{B}\bar{C}$，卡诺图如图 10.1 所示。

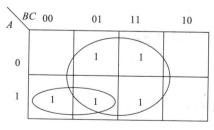

图 10.1　习题答案用图（1）

化简结果：$Y = A\bar{B} + C$。

(2) $Y = \overline{A}\,\overline{B}\,\overline{C} + AB\overline{C} + \overline{A}B\overline{C}$，卡诺图如图 10.2 所示。

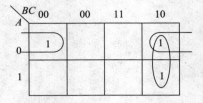

图 10.2　习题答案用图（2）

化简结果：$Y = \overline{A}\,\overline{C} + B\overline{C}$。

1-11　解：(1) $Y(A,B,C) = \sum m(0,2,4,6)$。

卡诺图见图 10.3。

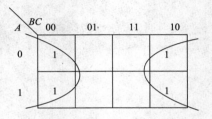

图 10.3　习题答案用图（3）

化简得：$Y = \overline{C}$。

(2) $Y(A,B,C) = \sum m(0,1,2,4,6)$。

卡诺图见图 10.4。

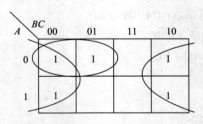

图 10.4　习题答案用图（4）

化简得：$Y = \overline{A}\,\overline{B} + \overline{C}$。

(3) $Y(A,B,C,D) = \sum m(0,1,2,4,6)$。

卡诺图见图 10.5。

化简得：$Y = \overline{A}\,\overline{B}\,\overline{C} + \overline{A}\,\overline{D}$。

(4) $Y(A,B,C,D) = \sum m(0,2,4,6)$。

化简得：$Y = \overline{A}\,\overline{D}$。

1-12　解：(1) $Y(A,B,C) = \sum m(0,2,4,6) + \sum d(1,3)$。

卡诺图见图 10.6 和图 10.7。

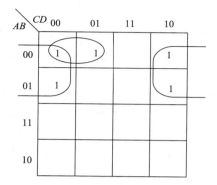

图 10.5　习题答案用图（5）

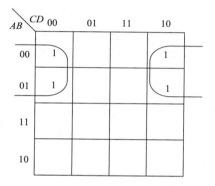

图 10.6　习题答案用图（6）

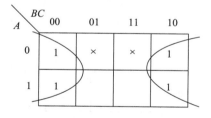

图 10.7　习题答案用图（7）

化简得：$Y = \bar{C}$。

（2）$Y(A,B,C) = \sum m(0,1,2,4,6) + \sum d(3,5)$。

卡诺图见图 10.8。

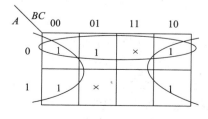

图 10.8　习题答案用图（8）

211

化简得：$Y = \overline{A} + \overline{C}$。

（3）$Y(A,B,C,D) = \sum m(0,1,2,4,6) + \sum d(3,5,7,8,9)$。

卡诺图见图 10.9。

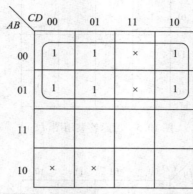

图 10.9　习题答案用图（9）

化简得：$Y = \overline{A}$。

（4）$Y(A,B,C,D) = \sum m(0,2,4,6) + \sum d(1,3,5,7,8,9)$。

卡诺图见图 10.10。

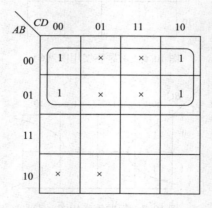

图 10.10　习题答案用图（10）

化简得：化简得：$Y = \overline{A}$。

1－13　解：用数字信号完成对数字量进行算术运算和逻辑运算的电路称为数字电路，或数字系统。它具有逻辑运算和逻辑处理功能。

1－14　解：（1）技术实现简单，计算机由逻辑电路组成，逻辑电路通常只有两个状态，即接通与断开，这两种状态正好可以用"1"和"0"表示；（2）简化运算规则：两个二进制数的和、积运算组合各有 3 种，运算规则简单，有利于简化计算机内部结构，提高运算速度；（3）适合逻辑运算：逻辑代数是逻辑运算的理论依据，二进制只有两个数码，正好与逻辑代数中的"真"和"假"相吻合；（4）易于进行转换，二进制与十进制数易于互相转换；（5）用二进制表示数据具有抗干扰能力强、可靠性高等优点。因为每位数据只有高、低两个状态，当受到一定程度的干扰时，仍能可靠地分辨出它是高还是低。

项目二

2-1 解：OC门是集电极开路门，可以输出高阻（三态）和低电平两种状态。OC门的输出必须上拉，才能保证高阻状态被检测出来；OC门电路工作时必须加负载电阻和电源；OC门最大的好处就是多个OC门输出可以连接在一起实现"线与"，即：当所有OC门均输出高阻时，系统才能检测到"高"（由上拉电阻提供）；只要有任意一个OC门输出低，系统即检测到"低"；普通TTL输出是做不到这点的，多个TTL输出连接在一起会造成总线电平冲突。

2-2 解：与非门有0出1，双1出0，只要将其一端接高电平，另一端来1时出0，来0时出1即可。

2-3 解：（1）与非门：两个输入端短接；就能实现非门的功能。

（2）或非门的逻辑关系：只有当全部输入端都为低电平时，输出端才为高电平；只要有一个输入端是高电平，输出端就输出低电平。所以将或非门所有输入端并联应用就能实现非门的功能。

2-4 解：用"与非门"组成"或非"门的表达式为：

$$Z = \overline{A + B} = \overline{A} \cdot \overline{B} = \overline{\overline{\overline{A} \cdot \overline{B}}}$$

用 Multisim 12 仿真测试其逻辑功能，电路如图 10.11 所示。

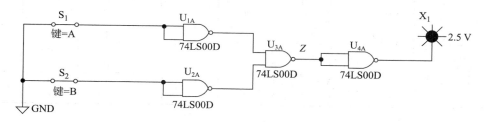

图 10.11　习题答案用图（11）

2-5 解：（1）TTL电路的输入级采用多发射极三极管，输出级采用达林顿结构，这不仅提高了电路的开关速度，也使得电路有较强的驱动负载能力。

（2）CMOS电路。与TTL电路相比它的功耗低、扇出数大、噪声容量大、开关速度与TTL接近，其已经成为数字集成电路的发展方向。

2-6 解：由TTL门输入端悬空，逻辑上认为是1，可写出 $Y = \overline{A \cdot 1} + \overline{B + 1} = \overline{A}$。

2-7 解：由TTL门组成：因为10kΩ电阻大于开门电阻 R_{ON}，所以，无论 A、B 为何值，$Y = 0$。由CMOS门组成：因为CMOS无开门电阻和关门电阻之说，所以 $Y = AB$。

2-8 解：因为4种系列的TTL与非门的 $U_{IL(max)}$ 都等于0.8V，所以小于、等于0.8V的输入在逻辑上都为0。

2-9 解：负载门的输入端电流小，驱动门的负载电流才小，才可能带更多的门。

2-10 解：ABC。

2-11 解：由于MOS管在电路中是压控元件，基于这一特点，输入端信号易受外界干扰，所以在使用CMOS电路时输入端特别注意不能悬空；当或门或者或非门电路的某输入端的输入信号为低电平时并不影响门电路的逻辑功能。所以或门和或非门电路多余输入端的处理方法应是将多余输入端接低电平，即通过限流电阻（500Ω）接地。

2 - 12　解：高阻、高电平、低电平。

2 - 13　解：集电极开路；线与。

2 - 14　解：C。

项目三

3 - 1　解：$Y = \overline{\overline{A}\,B} + \overline{A\,\overline{B}} = \overline{A}\,B + A\,\overline{B} = A \oplus B$。功能为实现 A 和 B 的异或。

3 - 2　解：$Y = \left[(A \oplus B)\ \oplus B\right]\ \oplus B = A \oplus B$。

3 - 3　解：$Y = \overline{\overline{A \cdot AB} \cdot \overline{B \cdot AB}} = \overline{A \cdot AB} \cdot \overline{B \cdot AB} = \overline{A\,\overline{B}} \cdot \overline{\overline{A}\,B} = \overline{A \oplus B}$。波形如图 10.12 所示。

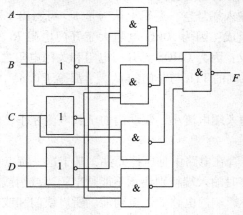

图 10.12

3 - 4　解：（1）逻辑函数式 $Y = \overline{\overline{CD} \cdot \overline{BC} \cdot \overline{ABD}} = CD + BC + ABD$，由逻辑函数式可知通过有三种情况：$CD = 1$、$BC = 1$、$ABD = 1$。

（2）由逻辑函数式可得真值表（见表 10.1）：

表 10.1　习题答案用表（1）

A	B	C	D	Y	A	B	C	D	Y
0	0	0	0	0	1	0	0	0	0
0	0	0	1	0	1	0	0	1	0
0	0	1	0	0	1	0	1	0	0
0	0	1	1	1	1	0	1	1	0
0	1	0	0	0	1	1	0	0	0
0	1	0	1	0	1	1	0	1	1
0	1	1	0	1	1	1	1	0	0
0	1	1	1	0	1	1	1	1	0

根据真值表可知，4 个人当中 C 的权利最大。

3 - 5　解：（1）将逻辑函数化成最简与式并转换成最简与非式。

$$F = B\overline{C}\,\overline{D} + A\overline{D} + \overline{B}C\overline{D} + A\overline{B}\,\overline{C} = \overline{\overline{B\overline{C}\,\overline{D}} + A\overline{D} + \overline{B}C\overline{D} + A\overline{B}\,\overline{C}}$$

$$= \overline{\overline{B\overline{C}\,\overline{D}} \cdot \overline{A\overline{D}} \cdot \overline{\overline{B}C\overline{D}} \cdot \overline{A\overline{B}\,\overline{C}}}$$

根据最简与非式画出用与非门实现的最简逻辑电路如图 10.13 所示。

图 10.13　习题答案用图（13）

214

（2）将逻辑函数化成最简或与表达式：

$$F = (\bar{C} + \bar{D})(A + B + C)(A + \bar{B} + \bar{C})(\bar{B} + \bar{D})$$
$$= \overline{\overline{\bar{C} + \bar{D}} + \overline{A + B + C} + \overline{A + \bar{B} + \bar{C}} + \overline{\bar{B} + \bar{D}}}$$

即可用或非门实现。电路见图 10.14 所示。

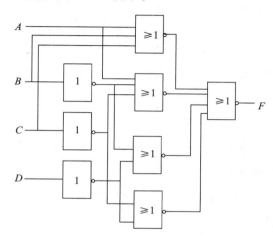

图 10.14　习题答案用图（14）

（3）由上步可继续做变换：

$$F = \overline{\overline{CD} + \overline{\bar{A}\,\bar{B}\,\bar{C}} + \overline{\bar{A}BC} + \overline{BD}}$$

根据最简与或非式画出用与或非门实现的最简逻辑电路如图 10.15。

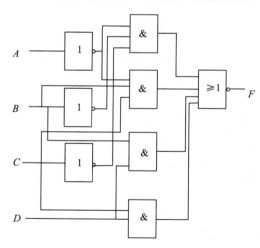

图 10.15　习题答案用图（15）

3－6　解：（1）根据题意，设输入逻辑变量为 A、B、C，输出逻辑变量为 Y，列出真值表见表 10.2。

表 10.2　习题答案用表（1）

A	B	C	Y
0	0	0	0
0	0	1	1
0	1	0	1
0	1	1	0
1	0	0	1
1	0	1	0
1	1	0	0
1	1	1	1

（2）由真值表得到逻辑函数表达式为：

$$Y = \overline{A}\,\overline{B}\,C + \overline{A}\,B\overline{C} + A\overline{B}\,\overline{C} + ABC = A \oplus B \oplus C$$

（3）画出逻辑电路图。

利用 74LS151 实现的电路如图 10.16 所示。

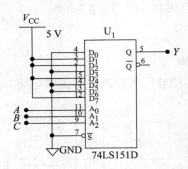

图 10.16　习题答案用图（16）

3－7　解：设置红、黄、绿检测信号为 R、Y、G，输出为 F，依题意得真值表见表 10.2。

表 10.2　习题答案用表（2）

R	G	Y	F
0	0	0	1
0	0	1	0
0	1	0	0
0	1	1	1
1	0	0	0
1	0	1	1
1	1	0	1
1	1	1	1

可得出最小项表达式为：

$$F = \overline{R}\,\overline{Y}\,\overline{G} + \overline{R}\,YG + R\overline{Y}G + RY\overline{G} + RYG$$

使用 74LS151 构成的电路如图 10.17 所示。

使用 74LS138 构成电路，化简表达式为：

$$F = \overline{\overline{R}\,\overline{Y}\,\overline{G} + \overline{R}\,YG + R\,\overline{Y}\,G + RY\overline{G} + RYG} = \overline{\overline{R}\,\overline{Y}\,\overline{G} \cdot \overline{R}\,YG \cdot R\,\overline{Y}\,G \cdot RY\overline{G} \cdot RYG}$$

电路如图 10.18 所示。

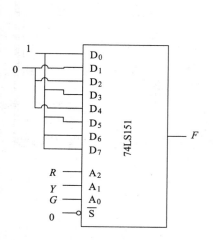

图 10.17　习题答案用图（17）

图 10.18　习题答案用图（18）

项目四

4-1　解：$J = A \oplus B$，$K = \overline{Q^n}$，$\overline{Q^{n+1}} = J\overline{Q^n} + \overline{K}Q^n = A \oplus B\,\overline{Q^n} + Q^n$。

4-2　解：$Q_1^{n+1} = \overline{Q_1^n}$，$Q_2^{n+1} = \overline{Q_2^n}$（当 Q_1^{n+1} 有下降沿时），波形如图 10.19。

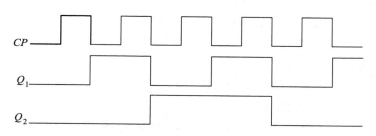

图 10.19　习题答案用图（19）

仿真图如图 10.20 所示。

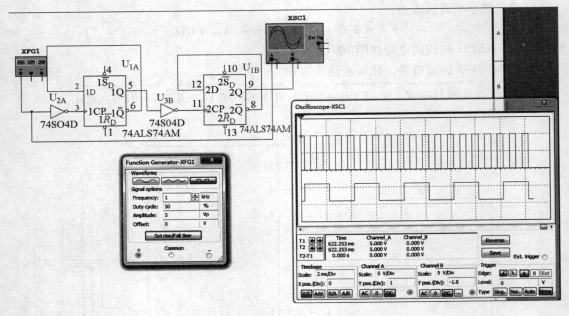

图 10.20　习题答案用图（20）

4-3　解：波形如图 10.21 所示。

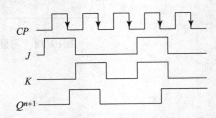

图 10.21　习题答案用图（21）

4-4　解：RS 触发器的状态方程为：

$$\begin{cases} Q^{n+1} = S + \bar{R}Q^n \\ S + R = 1 \end{cases} \qquad (10-1)$$

由图 4.32 可得：

$$S = \overline{A \oplus B} \cdot \bar{Q}^n, \quad R = \overline{A \oplus B} \cdot Q^n$$

代入到式（10-1）可得状态方程为：

$$Q^{n+1} = \overline{A \oplus B} \cdot \bar{Q}^n + \overline{\overline{A \oplus B} \cdot Q^n} Q^n = A \oplus B \odot Q^n$$

状态转换图如图 10.22 所示。

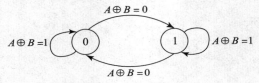

图 10.22　习题答案用图（22）

218

4－5　解：$Q^{n+1} = \overline{A \cdot Q^n}$，波形如图 10.23 所示。

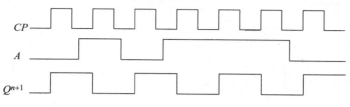

图 10.23　习题答案用图（23）

项目五

5－1　解：时序逻辑电路由组合逻辑电路和存储记忆单元组成。时序逻辑电路和组合逻辑电路的区别是时序逻辑电路不仅与电路当前的输入信号有关，还和该电路过去的状态有关；组合逻辑电路仅与电路当前的输入信号有关。时序逻辑电路按照时序不同可分为：同步时序电路和异步时序电路；按照输出不同，可以分为米利型（Mealy 型）时序电路和穆尔型（Moore 型）时序电路。

5－2　解：时序逻辑电路的设计是分析的逆过程，即根据给出的具体逻辑问题，求出完成这一功能的逻辑电路，设计过程中的主要步骤如下：

（1）由给定的逻辑功能画原始状态转换图。

（2）选择触发器，并进行状态分配。

（3）写出逻辑方程式。

（4）画逻辑电路图。

（5）检查自启动。

（6）使用 Multisim 软件进行验证。

5－3　解：已知：

$$J = K = \overline{Q^n}X + Q^n\overline{X}$$

那么有：

$$
\begin{aligned}
Q^{n+1} &= J\overline{Q^n} + \overline{K}Q^n \\
&= (\overline{Q^n}X + Q^n\overline{X})\,\overline{Q^n} + \overline{(\overline{Q^n}X + Q^n\overline{X})}Q^n \\
&= \overline{Q^n}X + \overline{\overline{Q^n}X} \cdot \overline{Q^n\overline{X}} \cdot Q^n \\
&= \overline{Q^n}X + (Q^n + \overline{X})\,(\overline{Q^n} + X) \cdot Q^n \\
&= \overline{Q^n}X + (Q^nX + \overline{X}\,\overline{Q^n}) \cdot Q^n \\
&= \overline{Q^n}X + Q^nX \\
&= X \\
Z &= \overline{Q^{n+1}}X + Q^{n+1}\overline{X} = \overline{X}X + X\overline{X} = 0
\end{aligned}
$$

波形如图 10.24 所示。

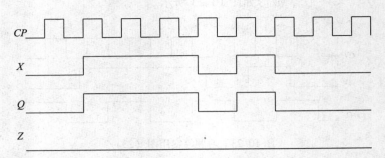

图 10.24　习题答案用图 (24)

5 - 4　解：（1）分析电路组成：该电路由 3 个 JK 触发器构成存储电路，组合逻辑电路是一个与门。无外加输入信号，是一个同步时序电路。

（2）写相关方程式。

驱动方程为：

$$\begin{cases} J_1 = \overline{Q_3^n} \\ K_1 = 1 \end{cases} \quad \begin{cases} J_2 = Q_1 \\ K_2 = Q_1 \end{cases} \quad \begin{cases} J_3 = Q_1^n Q_2^n \\ K_3 = 1 \end{cases}$$

（3）求各触发器的状态方程。

$$Q_1^{n+1} = J_1 \overline{Q_1^n} + Q_1^n \overline{K_1} = \overline{Q_3^n} \, \overline{Q_1^n}$$

$$Q_2^{n+1} = J_2 \overline{Q_2^n} + Q_2^n \overline{K_2} = Q_1 \overline{Q_2^n} + Q_2^n \overline{Q_1}$$

$$Q_3^{n+1} = J_3 \overline{Q_3^n} + Q_3^n \overline{K_3} = Q_1 Q_2 \overline{Q_3^n}$$

（4）列状态转换真值表见表 10.3。

表 10.3　习题答案用表 (3)

CP	Q_3^n	Q_2^n	Q_1^n	Q_3^{n+1}	Q_2^{n+1}	Q_1^{n+1}
0	0	0	0	0	0	0
1	0	0	1	0	0	1
2	0	1	0	0	1	0
3	0	1	1	0	1	1
4	1	0	0	0	0	0
5	1	0	1	0	0	0

（5）显然，随着 CP 脉冲的输入，电路在 5 个状态之间循环递增变化。因此，得到结论：该电路为同步四进制加法计数器。

（6）仿真电路如图 10.25 所示。

5 - 5　解：$2 \times 6 = 12$（进制）。

电路如图 10.26 所示。

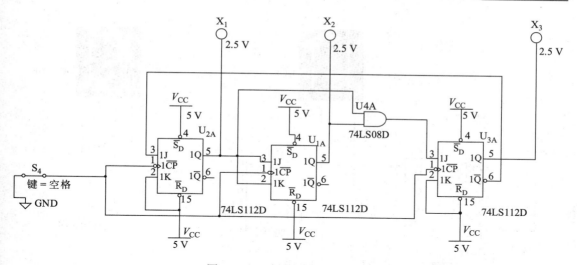

图 10.25 习题答案用图（25）

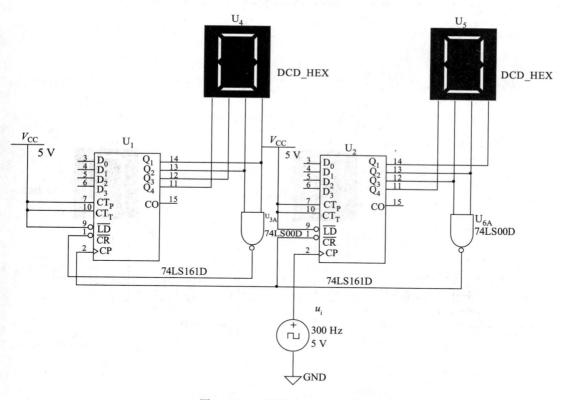

图 10.26 习题答案用图（26）

$3 \times 4 = 12$（进制）。

电路如图 10.27 所示。

5 - 6　解：$4 \times 6 = 24$（进制）。

电路如图 10.28 所示。

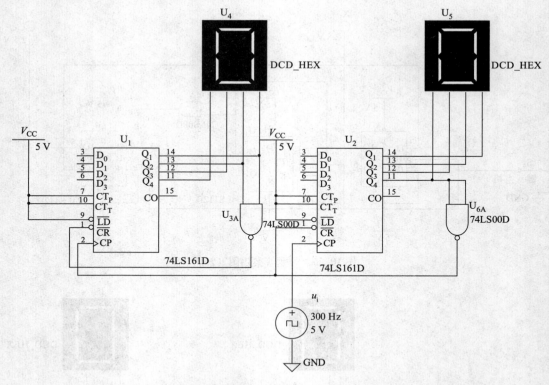

图 10.27 习题答案用图（27）

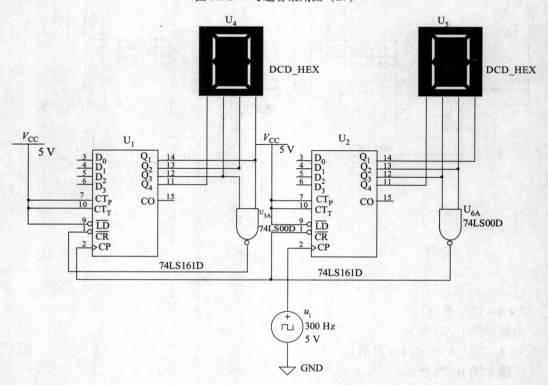

图 10.28 习题答案用图（28）

项目六

6-1 解：（1）由 $V_{CC}=12V$，则：$U_+ = \dfrac{2}{3}V_{CC}=8V$，$U_- = \dfrac{1}{3}V_{CC}=4V$，$\Delta U = U_+ - U_- = 4V$。

（2）波形如图 10.29 所示。

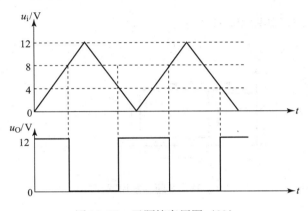

图 10.29　习题答案用图（29）

6-2 解：（1）$R=3.9k\Omega$，$C=1\mu F$。

波形如图 10.30 所示。

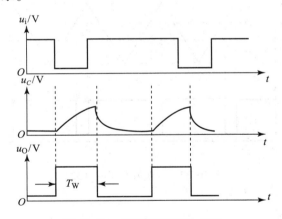

图 10.30　习题答案用图（30）

（2）$T_W = RC\ln3 \approx 1.1 \times 3.9 \times 10^3 \times 1 \times 10^{-6} \approx 4.3 \times 10^{-3}$ （s）

6-3 解：（1）$V_{CC}=15V$，$R_1=R_2=5k\Omega$，$C_1=C_2=0.01\mu F$

则有：

$T = (R_1+2R_2)C\ln2 \approx 15 \times 10^3 \times 0.01 \times 10^{-6} \times 0.69 \approx 0.1035 \times 10^{-3}$ （s）

因此：

$$f = \frac{1}{T} \approx 9.66kHz$$

（2）仿真略。

6 - 4　解：因为 $V_{CC} = 5V$，故有：

$$U_+ = \frac{2}{3}V_{CC} = \frac{10}{3}V$$

$$U_- = \frac{1}{3}V_{CC} = \frac{5}{3}V$$

$$\Delta U = \frac{5}{3}V$$

6 - 5　解：（1）波形如图 10.31 所示。

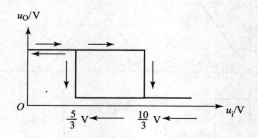

图 10.31　习题答案用图（31）

（2）波形如图 10.32 所示。

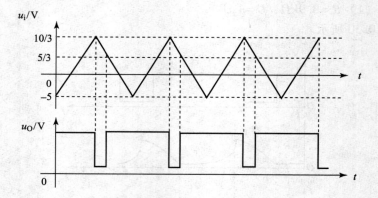

图 10.32　习题答案用图（32）

附　　录

国际符号与教材符号对照表

名称	教材符号	国际符号
与门		
或门		
非门		
与非门		
或非门		
异或门		
与或非门		
RS 触发器		

名称	教材符号	国际符号
D 触发器		
JK 触发器		

参 考 文 献

[1] 刘德旺，殷晓安．电子技术基础［M］．郑州：黄河水利出版社，2013．

[2] 杨少坤，高兰恩．数字电子技术［M］．北京：中国水利水电出版社，2007．

[3] 张建国，张素琴．数字电子技术［M］．北京：北京理工大学出版社，2010．

[4] 刘阿玲，电子技术［M］．北京：北京理工大学出版社，2013．

[5] 古良玲，王玉涵．电子技术实验与 Multisim 12 仿真［M］．北京：机械工业出版社，2015．

[6] 聂典，李北燕，聂梦晨，等．Multisim 12 仿真设计［M］．北京：电子工业出版社，2014．

[7] 郭锁利，刘延飞，李琪，王晓戎，等．基于 Multisim 的电子系统设计、仿真与综合应用［M］．北京：人民邮电出版社，2012．

[8] Thomas L. Floyd. 数字电子技术（第十版）［M］．北京：电子工业出版社，2014．

[9] 刘国巍．数字电子技术基础［M］．北京：国防科技大学出版社，2013．

[10] 于晓平，吴建军，王平，等．数字电子技术（第二版）［M］．北京：科学出版社，2004．

[11] 初玲．数字电子技术实训［M］．北京：机械工业出版社，2010．